한날 글·그림 / 이젠수학연구소 지음

새 교과서 반영

3학년에게 꼭 필요한

분수와 소수

[만화 교과서]

이젠교육
EZEN EDUCATION

한날 글·그림

웹툰·이모티콘 캐릭터 작가로 활동하며 캐릭터 그리는 것을 평생의 즐거움으로 살아가고 있습니다. 웹툰 '동물농장'과 '인생다반사'를 연재했으며, 카카오톡 이모티콘 '인생다반사'와 '짤모티콘' 등을 출시하였습니다. 쓰고 그린 책으로는 《읽으면서 바로 써먹는 어린이 영단어》, 《읽으면서 바로 써먹는 어린이 맞춤법》, 《읽으면서 바로 써먹는 어린이 관용구》, 《읽으면서 바로 써먹는 어린이 속담》, 《읽으면서 바로 써먹는 어린이 퀴즈》, 《읽으면서 바로 해보는 어린이 게임》 등이 있습니다.

blog http://blog.naver.com/ngmspg　http://www.instagram.com/hannal_01

이젠수학연구소 지음

이젠수학연구소는 유아에서 초중고까지 학생들이 수학의 바른길을 찾아낼 수 있도록 수학 학습법을 연구하는 이젠교육의 수학 연구소입니다. 수학 실력은 하루아침에 완성되지 않으며, 다양한 경험을 통해 발달합니다. 그길에 친구가 되고자 노력합니다.

3학년에게 꼭 필요한 분수와 소수 (만화 교과서)

초판 1쇄 발행 | 2022년 1월 10일

지 은 이 이젠수학연구소
펴 낸 이 임요병
펴 낸 곳 ㈜이젠교육
출판등록 제 2020-000073호
주　　소 서울시 영등포구 양평로 22길 21
코오롱디지털타워 404호
전　　화 (02)324-1600
팩　　스 (031)941-9611
인스타그램 @ezeneducation
블 로 그 http://blog.naver.com/ezeneducation

@이젠교육
ISBN 979-11-90880-69-5

3학년에게 꼭 필요한
분수와 소수
만화 교과서

구성과 특징

3학년에게 꼭 필요한
분수와 소수

수학 웹툰 전문 작가의 캐릭터를 활용한 실생활 이야기로

수학에 대한 호기심과 자신감을 키워요.

1 분수
07 진분수, 가분수, 대분수
역시 음식 중에 최고는 피자야.
정말 맛있어.
냠냠
정말 정신없이 먹었어.
우리가 피자를 얼마나 먹었지?
음…
통 8조각에서 1조각이 남았으니까
42
무엇을 배울까요? 진분수, 가분수, 대분수를 알게 합니다.
여러 가지 진분수, 가분수, 대분수를 만들게
언제 배울까요? 초등학교 3학년 1학기 분수와 소수 / 3학년
우린 7조각을 먹었어.
활짝
음, 8분의 7을 먹은 거군.
앗, 이런 분수를 뭐라고 하더라?
히히~ 그건 분모보다 분자가 작으니까 진분수라고 하잖아.
앗! 그랬었지.
깜짝
근데 이제 피자가 1조각 밖에 안 남았네.
43
● 무엇을 배울까요? 진분수, 가
여러 가지
● 언제 배울까요? 초등학교

학습 포인트 1

수학 교과서 단원의 내용을 실생활 소재를 활용한 만화로 재미있게 읽으면서 수학에 대한 호기심을 가질 수 있습니다.

학습 포인트 2

만화 속 내용과 연결된 수학 교과서 학년과 학기의 단원을 소개하고, 무엇을 배우는지 알 수 있습니다.

캐릭터와 함께하는 주제별 질문식 수학 개념을

쉽고 재미있게 읽으면서 원리를 이해해요!

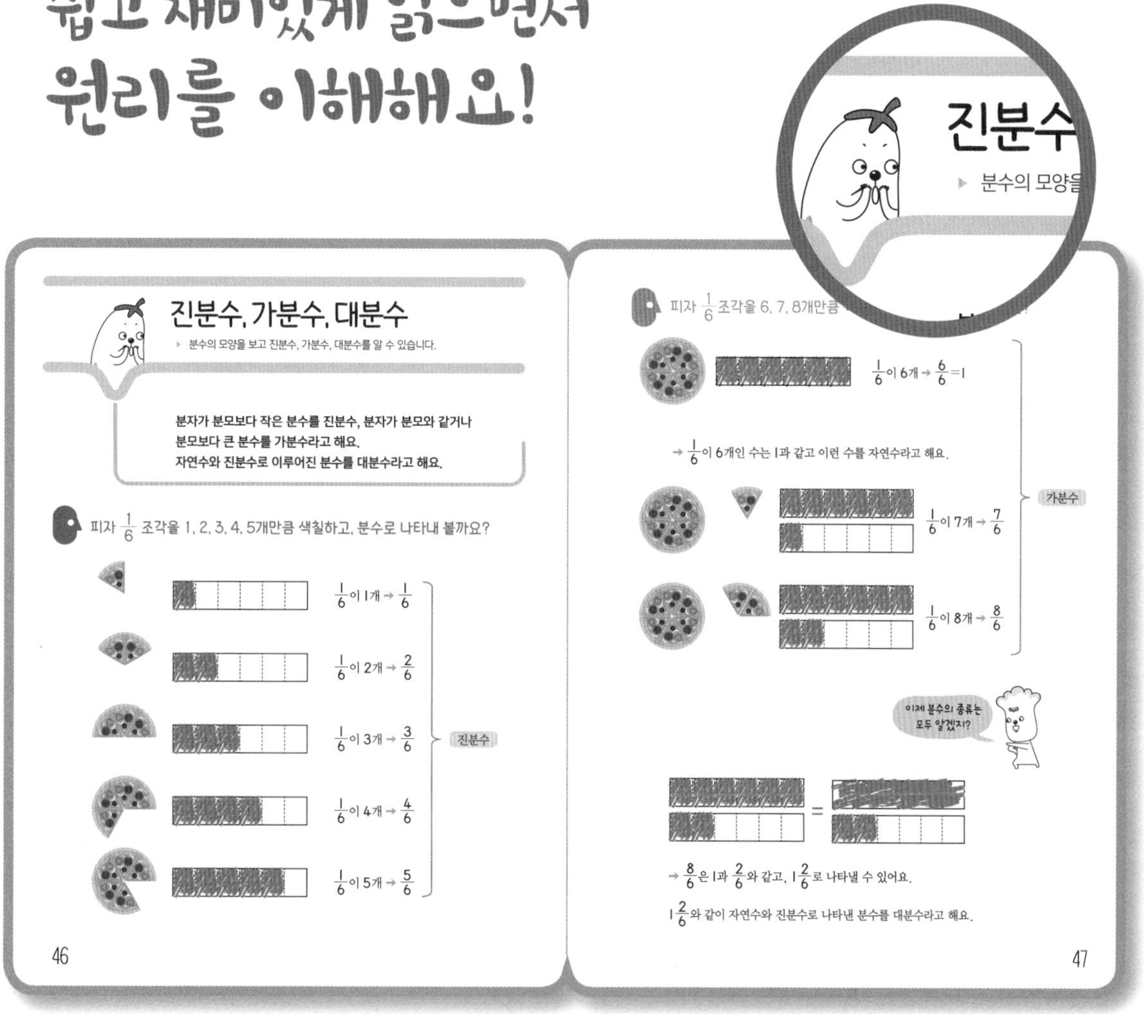

진분수, 가분수, 대분수

▸ 분수의 모양을 보고 진분수, 가분수, 대분수를 알 수 있습니다.

분자가 분모보다 작은 분수를 진분수, 분자가 분모와 같거나
분모보다 큰 분수를 가분수라고 해요.
자연수와 진분수로 이루어진 분수를 대분수라고 해요.

피자 $\frac{1}{6}$ 조각을 1, 2, 3, 4, 5개만큼 색칠하고, 분수로 나타내 볼까요?

$\frac{1}{6}$이 1개 → $\frac{1}{6}$

$\frac{1}{6}$이 2개 → $\frac{2}{6}$

$\frac{1}{6}$이 3개 → $\frac{3}{6}$

$\frac{1}{6}$이 4개 → $\frac{4}{6}$

$\frac{1}{6}$이 5개 → $\frac{5}{6}$

진분수

46

피자 $\frac{1}{6}$ 조각을 6, 7, 8개만큼

$\frac{1}{6}$이 6개 → $\frac{6}{6}=1$

→ $\frac{1}{6}$이 6개인 수는 1과 같고 이런 수를 자연수라고 해요.

$\frac{1}{6}$이 7개 → $\frac{7}{6}$

$\frac{1}{6}$이 8개 → $\frac{8}{6}$

가분수

이제 분수의 종류는 모두 알겠지?

→ $\frac{8}{6}$은 1과 $\frac{2}{6}$와 같고, $1\frac{2}{6}$로 나타낼 수 있어요.

$1\frac{2}{6}$와 같이 자연수와 진분수로 나타낸 분수를 대분수라고 해요.

47

학습 포인트 3

수학 교과서의 개념을 수학 만화와 연결하여 원리를 정확히 이해할 수 있습니다.

학습 포인트 4

주제별 원리에 대한 질문에 대해 생활에서 볼 수 있는 내용을 그림으로 재미있게 구현하여 쉽게 이해할 수 있습니다.

차례

3학년에게 꼭 필요한
분수와 소수

1. 분수

01	똑같이 나누기	6
02	분수 이해하기	12
03	전체와 부분의 관계와 부분을 알 때 전체 알기	18
04	몇씩 묶어 보기	24
05	전체에 대한 분수만큼은 얼마인지 알기(1)	30
06	전체에 대한 분수만큼은 얼마인지 알기(2)	36
07	진분수, 가분수, 대분수	42
08	대분수를 가분수로, 가분수를 대분수로 나타내기	48
09	분모가 같은 진분수의 크기 비교	54
10	단위분수의 크기 비교	62
11	분모가 같은 대분수의 크기 비교	68

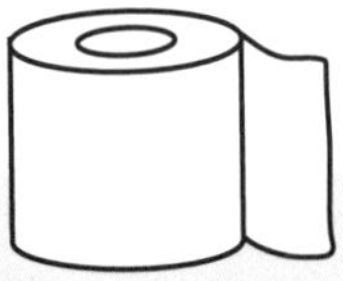

2. 소수

01	소수 이해하기	74
02	자연수와 소수	80
03	소수 두 자리 수, 소수 세 자리 수	86
04	소수 사이의 관계	92
05	소수의 크기 비교	98

작가의 말

여러분에게 수학이란 어떤 의미인가요? 친해지고 싶은 친구인가요? 아니면 정복하고 싶은 대상이나 넘을 수 없는 장애물인가요? 각자마다 느끼는 수학의 의미는 다르겠지만 아마도 확실한 것은 우리 삶에 있어서 꼭 필요한 존재라는 사실이에요. 하지만 꼭 필요하지만 가까이 다가가기 어려울 때가 있죠. 과일채소 친구인 (쵸배, 배찌, 체로, 가징, 토리)도 마찬가지거든요. 그럴때마다 쵸배, 배찌, 체로, 가징, 토리는 일상생활에서 재미있게 수학을 접하며 즐긴답니다. 어린이 여러분도 이젠 이 책 속으로 들어가 과일채소 친구들과 함께 수학의 재미에 풍덩 빠져들 수 있었으면 하는 바람입니다.

01 똑같이 나누기

토리야, 어서 와!
체로야, 무슨 일로 부른 거야?
어제 내 생일이었잖아. 그래서 케이크가 생겼어.
함께 나눠 먹으려고 오라고 했어.
깜짝
오옷! 정말?
정말 맛있겠다.
기대
기대

● 무엇을 배울까요? 구체물이나 그림을 이용하여 똑같이 나누어 보게 합니다.
똑같이 나누어진 도형을 찾아보게 합니다.
여러 가지 방법으로 색종이를 똑같이 나누어 보게 합니다.

● 언제 배울까요? 초등학교 3학년 1학기 분수와 소수 / 3학년 2학기 분수 단원에서 배워요.

자~ 이 케익이야. 서로 똑같이 나눠 먹자.
좋아.
반을 자르면 둘 다 똑같이 나눠 먹을 수 있거든.
자~ 케이크를 위에서 보고 나눠 보자.
이렇게 반으로 나누면 되겠군.
그럼 잘라 볼까?
얘들아,

이 목소리는
쵸배인데?
너희들
여기 있었구나.
응~
우리 지금 케이크를
먹으려던 중이었어.
정말?
맛있겠다.
쵸배도
같이 나눠 먹자.
활짝
우아~
정말 고마워.
똑같이 3등분 하려면
이렇게 자르면 돼.

맞아. 히히~
얼른 자르자.
활짝
잠깐!
그런데 케이크를 나눠서
담을 접시가 하나밖에
없잖아.
시무룩
후훗~
나한테 맡겨! 케이크를
3등분한 것처럼 접시도
3등분하면 돼.
척
뭐라고?
뜨헉!
멈춰!
그건 유리 접시야.
쨍그랑
끄응…
하나밖에 없는
접시마저 사라졌네.

똑같이 나누기

▶ 여러 가지 방법으로 모양과 크기가 똑같도록 물건이나 그림을 나눌 수 있습니다.

케이크 한 개를 사람 수에 맞게 똑같이 나누어 볼까요?

나누어진 조각의
모양과 크기가
똑같은지 잘 봐!

두 명이 똑같이 먹으려면
그림처럼 나누면 돼요.

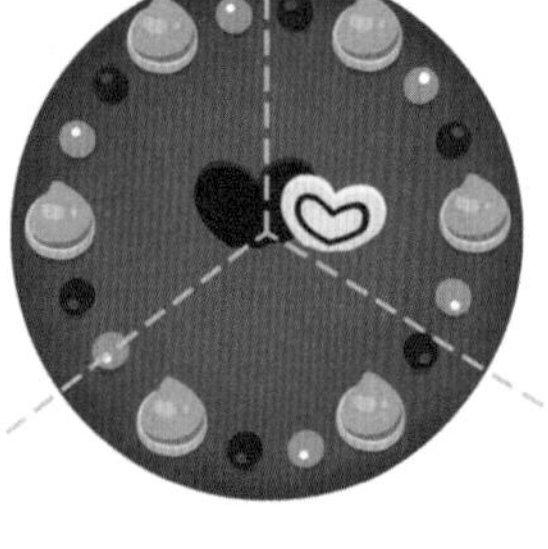

세 명이 똑같이 먹으려면
그림처럼 나누면 돼요.

네 명이 똑같이 먹으려면
그림처럼 나누면 돼요.

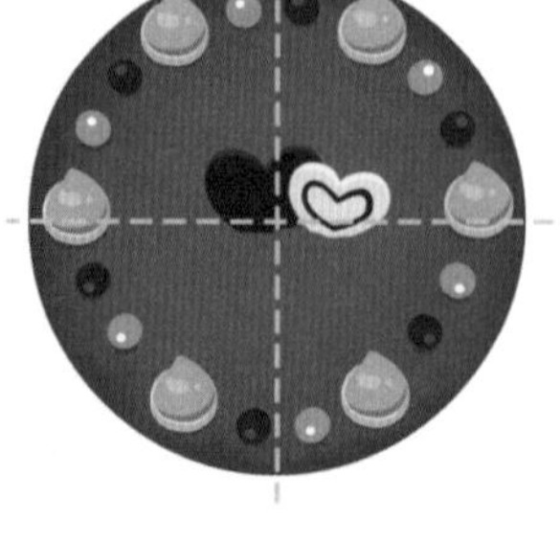

똑같이 둘로 나누어 볼까요?

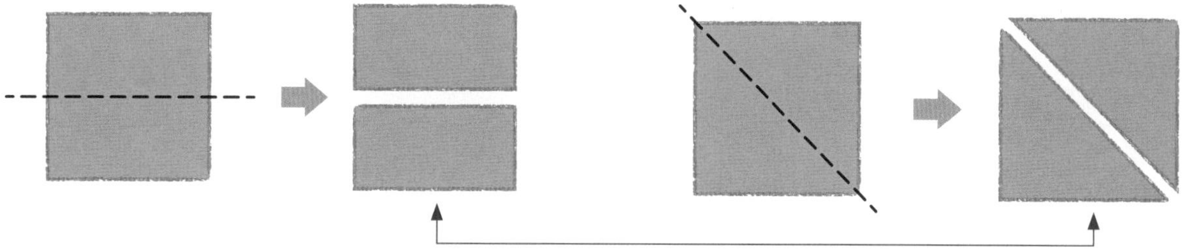

나누어진 조각을 겹쳐 보면 꼭 맞습니다.

색종이를 여러 가지 방법으로 똑같이 넷으로 나누어 볼까요?

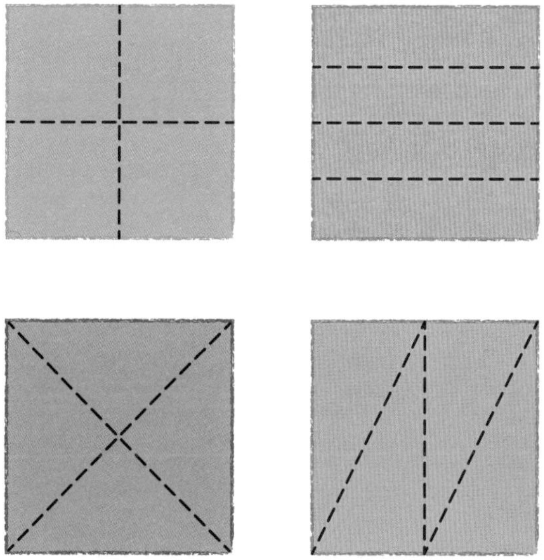

점선을 따라 잘라서
각 조각을 겹쳐 보면
꼭 맞는 걸 알 수 있지!

02 분수 이해하기

수학 숙제를 해야 하는데
연습장을 안 들고 왔어.
문제를 풀려면
연습장이 필요한데.
정말?
나도 종이 한 장밖에
안 남았어.
그럼
내가 가지고 있는
종이 한 장을
나눠 쓰자.
정말?
내 종이의
2분의 1을 줄게.

● 무엇을 배울까요? 전체를 똑같이 나누었을 때 부분이 전체를 몇 등분한 것 중 몇인지를 알게 합니다.
등분할을 통하여 전체에 대한 부분의 크기로서의 분수 개념을 이해하게 합니다.
분수를 쓰고 읽을 수 있게 합니다.

● 언제 배울까요? 초등학교 3학년 1학기 분수와 소수 / 3학년 2학기 분수 단원에서 배워요.

2분의 1?
응. 전체를 똑같이 2로 나눈 것 중에 하나를 준다는 뜻이야.
이렇게 말이야.
우아! 그렇구나.
자~ 여기 있어.
짝
고마워. 잘 쓸게.

사각
사각
흐잉…
시무룩
또 왜 그래?
아직 숙제가
조금 더 남았는데
종이가 또 모자라.
또 모자라다고?
흠…
좋아.
나한테 남아 있는
종이의 2분의 1을
또 줄게.
우아~ 고마워.
역시 넌 좋은 친구야.
감동
감동

그런데 이렇게 종이를 많이 줘도 돼?
너도 숙제를 해야 하잖아.
난 괜찮아.
괜찮다고?
응. 왜냐하면 네가 다 풀고 있잖아~
뭐라고?
네가 다 푼 걸 나한테 보여 주면 되잖아.
내 연습장을 빌려줬으니 그 정도는 해 줄 거지? 히히~
끄응~ 그런 수법이었다니…
자~ 그냥 내 종이를 다 써. 히히.

분수 이해하기

- 전체를 똑같이 나눈 것 중의 부분을 나타내는 방법으로 분수를 알 수 있습니다.
- 전체를 똑같이 2로 나눈 것 중의 1을 $\frac{1}{2}$이라 쓰고, 2분의 1이라고 읽습니다.

$\frac{1}{2}$과 같은 수를 분수라 하고, 전체를 똑같이 나눈 수 2를 분모, 부분의 수 1을 분자라고 해요.

똑같이 나눈 부분은 전체의 얼만큼인지 알아볼까요?

부분  은 전체 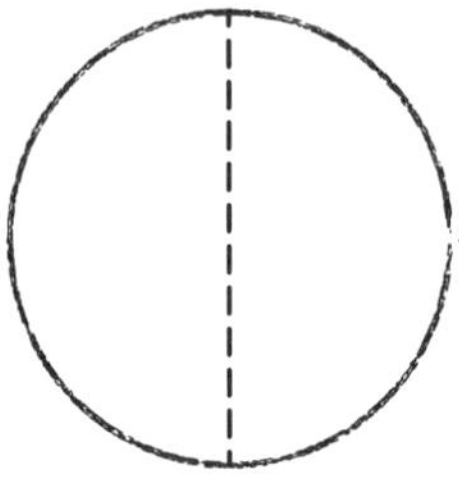 를 똑같이 2로 나눈 것 중의 1이에요.

부분  은 전체 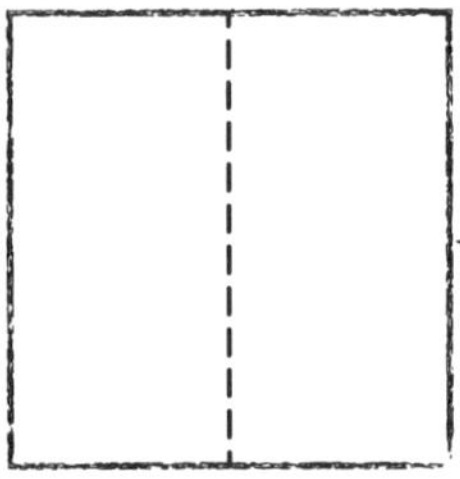 를 똑같이 2로 나눈 것 중의 1이에요.

부분 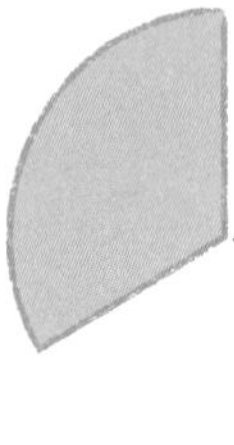 은 전체 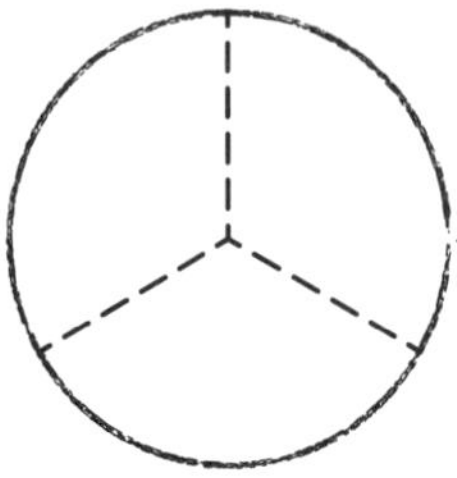 를 똑같이 3으로 나눈 것 중의 1이에요.

똑같이 나눈 부분을 전체와 비교해서 어떻게 나타낼까요?

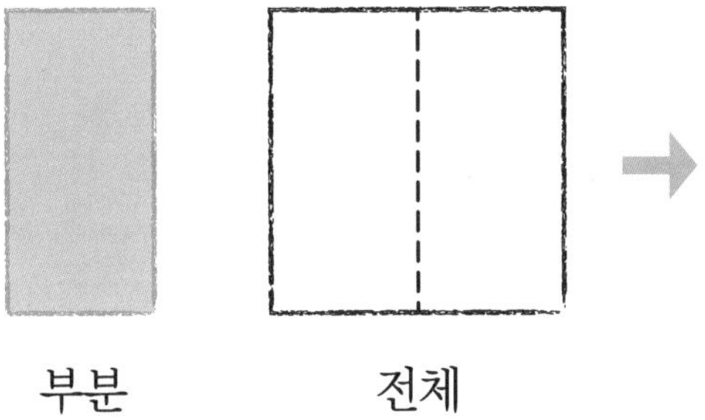
부분
전체

전체를 똑같이 2로 나눈 것 중의 1을 $\frac{1}{2}$이라 쓰고 2분의 1이라고 읽어요.

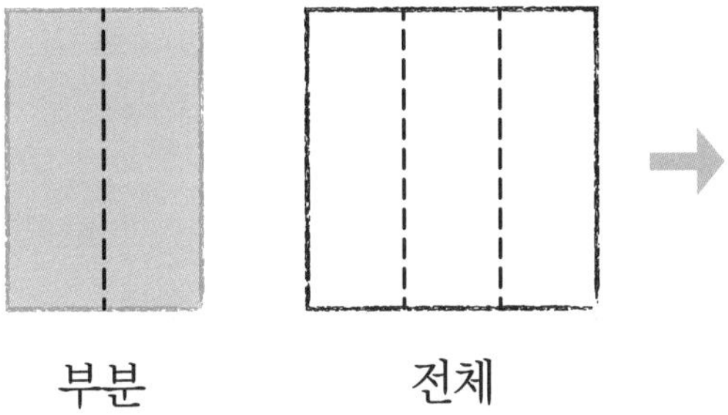
부분
전체

전체를 똑같이 3으로 나눈 것 중의 2를 $\frac{2}{3}$라 쓰고 3분의 2라고 읽어요.

1, 2, 3……같은 수를
위, 아래에 써서
전체와 부분을 한번에
나타내는 수가 분수구나!

$\frac{1}{2}$, $\frac{2}{3}$와 같은 수를 분수라고 해요.

$\frac{1}{2}$ ← 분자 / ← 분모 $\frac{2}{3}$ ← 분자 / ← 분모

전체와 부분을 분수로 나타낼 때는
전체를 똑같이 나눈 수를 분모에 쓰고 부분의 수를 분자에 써요.

프랑스 국기에서
파랑색 부분은
전체의 $\frac{1}{3}$이에요.

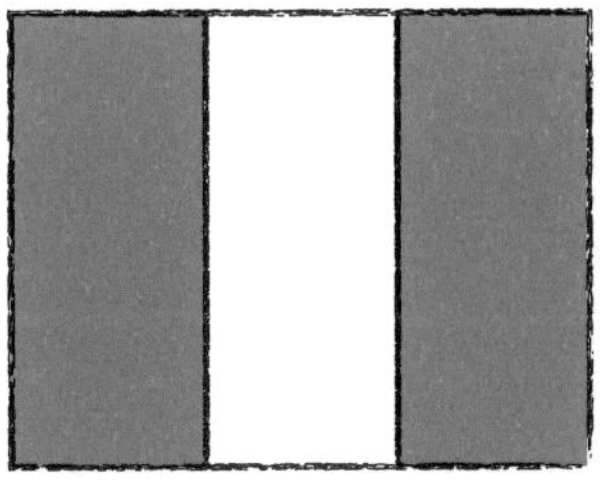

나이지리아 국기에서
초록색 부분은
전체의 $\frac{2}{3}$이에요.

03 전체와 부분의 관계와 부분을 알 때 전체 알기

얘들아,
얼른 와.
여긴 너희 집
주방이잖아.
응.
아침에 엄마가 와플을
만들어 놓는다고
하셨거든.
식탁에
와플이 있을 거라고.
우아~
맛있겠다.
기대
기대

● 무엇을 배울까요? 전체와 부분의 관계를 분수로 표현하게 합니다.
부분을 알 때 전체를 알아보게 합니다.

● 언제 배울까요? 초등학교 3학년 1학기 분수와 소수 / 3학년 2학기 분수 단원에서 배워요.

저기 식탁 위에 접시가 있어!
깜짝
엥?
뭐야. 한 조각밖에 안 남았잖아.
그러네~ 원래는 4조각 전체가 있어야 하는데.
4조각 중에 하나밖에 없으니 4분의 1만 있는 거잖아.
맞아.

다른 가족들이
벌써 먹었나 봐.
흐잉…
끄응..
그럼 이거라도
나눠 먹을까?
너희 둘이
나눠 먹어.
넌?
난 괜찮아.
우리 집에 와플 만드는
기계가 있거든.
내일 엄마한테
또 만들어 달라고 하면 돼.
씨익
우아! 좋겠다.
그럼 잘 먹을게.

냠냠
냠냠
정말 맛있어.
히히~ 맛있겠다! 나도 내일 많이 만들어 달라고 해야지.
활짝
앗! 쵸배야, 저기 와플 기계가 보여.
휙
맞아! 저거야.
잠깐! 저 곳은…
쓰레기통이잖아.
쓰레기통
와플 기계가 고장 나서 버렸나 봐.
그럼 내일도 못 먹잖아.
얘들아, 남은 것에서 3등분해서 나눠 먹자. 히히~

전체와 부분의 관계와 부분을 알 때 전체 알기

▸ 부분과 전체를 보고 분수로 나타낼 수 있고, 부분과 분수를 보고 전체를 알 수 있습니다.

남은 부분과 먹은 부분을 분수로 나타내 볼까요?

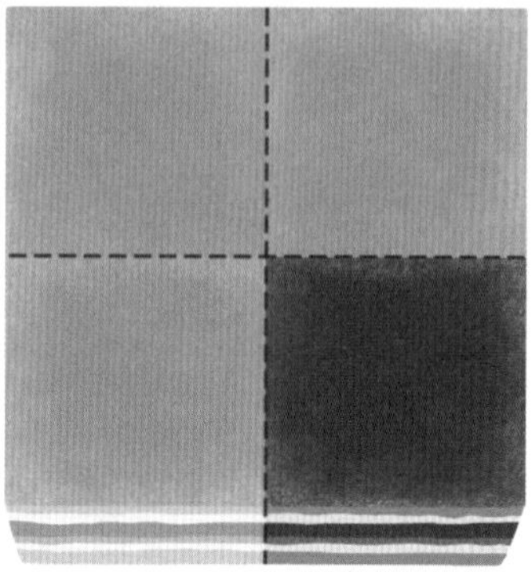

남은 부분은 전체의 $\frac{1}{4}$

먹은 부분은 전체의 $\frac{3}{4}$

남은 부분은 전체의 $\frac{3}{8}$

먹은 부분은 전체의 $\frac{5}{8}$

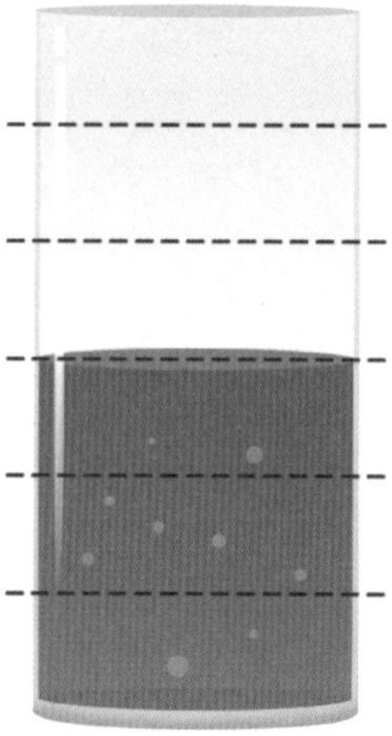

남은 부분은 전체의 $\frac{3}{6}$

먹은 부분은 전체의 $\frac{3}{6}$

분모에 쓰는 수는
전체를 똑같이
나눈 수야!

부분을 보고 전체를 그려 볼까요?

부분

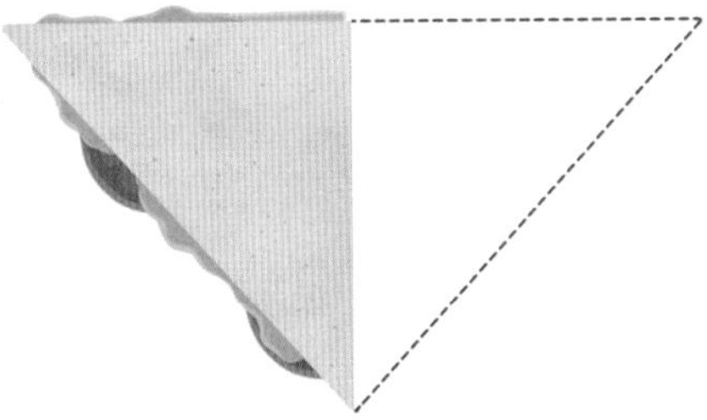

$\frac{1}{2}$ ← 분자 / ← 분모

→

전체

전체의 모습은 부분 1개의 그림이 분모의 수만큼 있으면 돼요.
부분의 그림이 1개 더 있으면 전체가 돼요.

부분

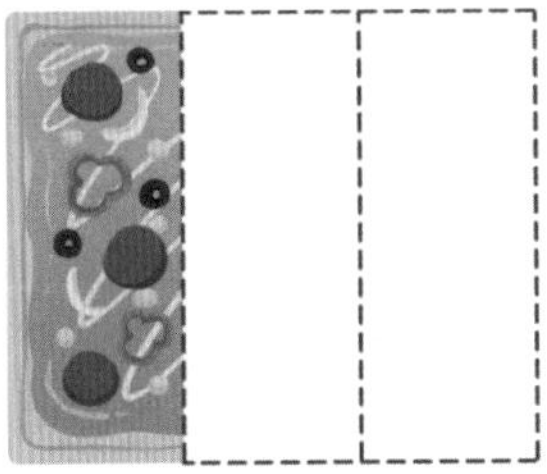

$\frac{1}{3}$ ← 분자 / ← 분모

→

전체

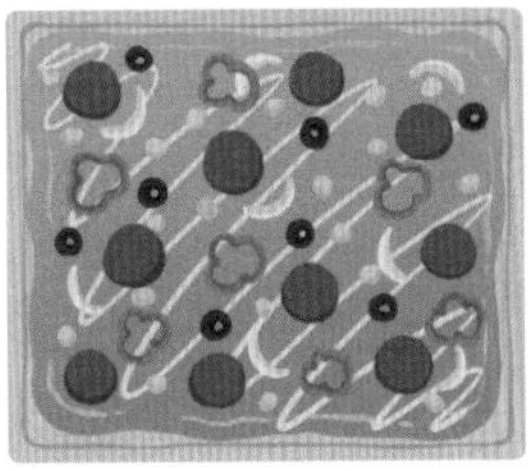

전체의 모습은 부분 1개의 그림이 분모의 수만큼 있으면 돼요.
부분의 그림이 2개 더 있으면 전체가 돼요.

부분

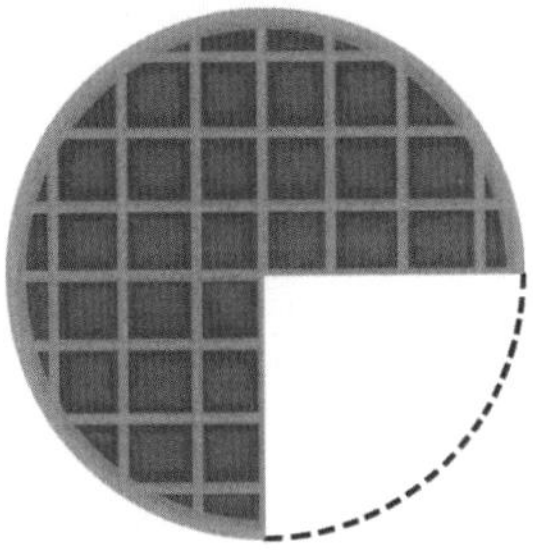

$\frac{3}{4}$ ← 분자 / ← 분모

→

전체

전체의 모습은 부분 1개의 그림이 분모의 수만큼 있으면 돼요.
주어진 그림은 부분 3개이므로 부분 1개를 더한 모양이 전체 모양이에요.

04 몇씩 묶어 보기

배찌야,
공원에서 뭐 해?
히히~
가지이구나.
방긋
히히~
근처에 붕어빵 파는 곳이
있어서 붕어빵을 사 왔어.
척
공원에서
먹으려고 하던 중이야.
그렇구나~

- 무엇을 배울까요? 물건을 등분할하고 부분은 전체의 얼마인지 이해하게 합니다.
  물건을 등분할하고 부분은 전체의 얼마인지 분수로 나타내게 합니다.
- 언제 배울까요? 초등학교 3학년 1학기 분수와 소수 / 3학년 2학기 분수 단원에서 배워요.

요즘은 붕어빵도 맛이 다양하더라고.
오~ 정말?
어떤 맛들을 샀어?
총 6개를 샀는데~
2개는 슈크림 붕어빵이고,
나머지 4개는 팥 붕어빵이야.

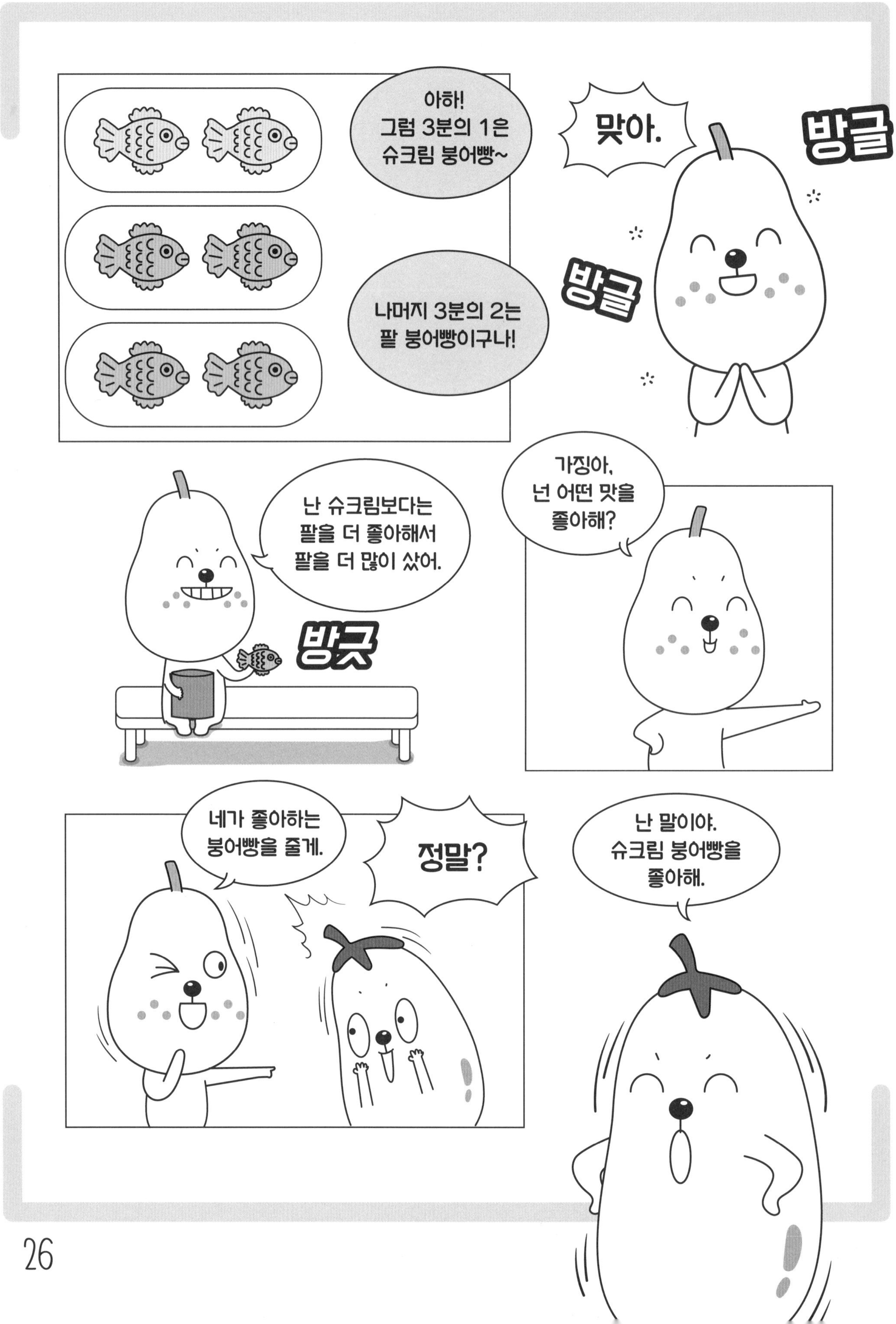
아하!
그럼 3분의 1은
슈크림 붕어빵~
나머지 3분의 2는
팔 붕어빵이구나!
맞아.
방글
방글
난 슈크림보다는
팔을 더 좋아해서
팔을 더 많이 샀어.
방긋
가징아,
넌 어떤 맛을
좋아해?
네가 좋아하는
붕어빵을 줄게.
정말?
난 말이야.
슈크림 붕어빵을
좋아해.

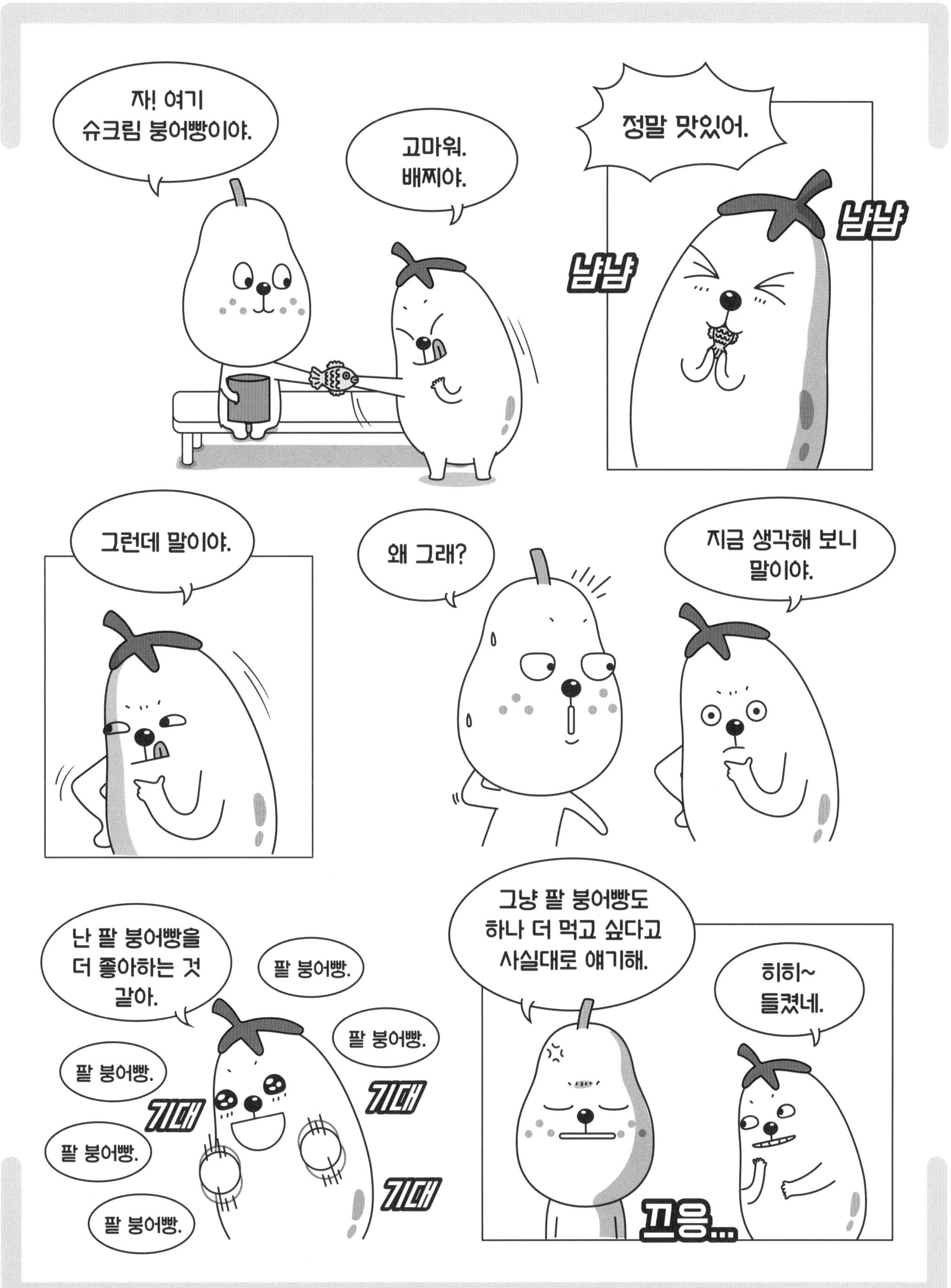

자! 여기
슈크림 붕어빵이야.
고마워.
배찌야.
정말 맛있어.
냠냠
냠냠
그런데 말이야.
왜 그래?
지금 생각해 보니
말이야.
난 팔 붕어빵을
더 좋아하는 것
같아.
팔 붕어빵.
팔 붕어빵.
팔 붕어빵.
팔 붕어빵.
팔 붕어빵.
기대
기대
기대
그냥 팔 붕어빵도
하나 더 먹고 싶다고
사실대로 얘기해.
히히~
들켰네.
끄응...

몇씩 묶어 보기

▶ 물건을 똑같은 수로 나누고 똑같이 나눈 부분은 전체의 얼마인지 분수로 나타낼 수 있습니다.

빵 6개를 똑같이 2부분으로 나누어 볼까요?

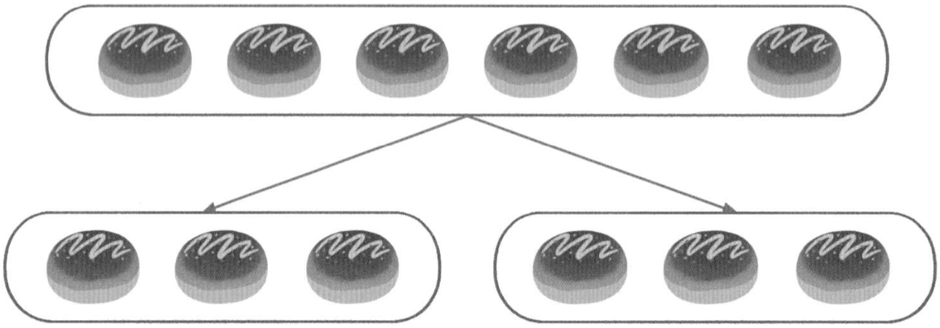

부분  은

전체  를

똑같이 2부분으로 나눈 것 중의 1이에요.

빵 6개를 똑같이 3부분으로 나누어 볼까요?

색칠한 부분의 빵은 똑같이 3부분으로 나눈 것 중의 2예요.

부분은 전체의 몇 분의 몇인지 분수로 나타내 볼까요?

색칠한 부분은
2묶음 중에서 1묶음이므로
전체의 $\frac{1}{2}$이에요.

색칠한 부분은
3묶음 중에서 2묶음이므로
전체의 $\frac{2}{3}$예요.

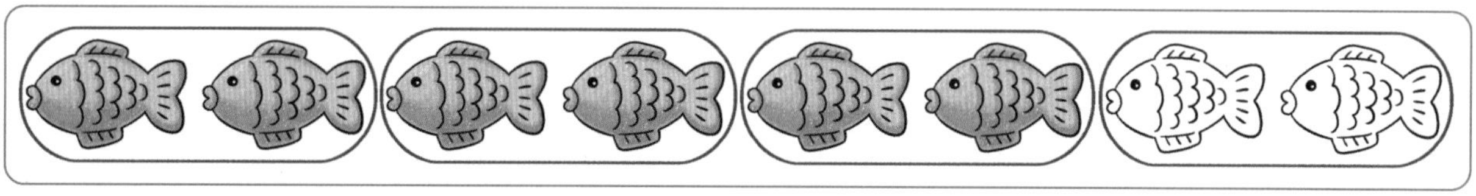

색칠한 부분은 4묶음 중에서 3묶음이므로
전체의 $\frac{3}{4}$이에요.

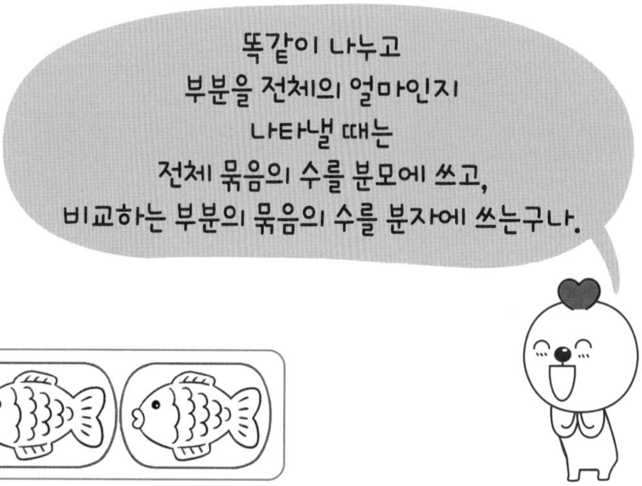
똑같이 나누고
부분을 전체의 얼마인지
나타낼 때는
전체 묶음의 수를 분모에 쓰고,
비교하는 부분의 묶음의 수를 분자에 쓰는구나.

색칠한 부분은 5묶음 중에서 2묶음이므로 전체의 $\frac{2}{5}$예요.

05 전체에 대한 분수만큼은 얼마인지 알기(1)

저기 봐~ 물에서 오리들이 헤엄치고 있어.
그러네. 오리가 엄청 많아.
척
척
모두 몇 마리나 있는 걸까?
우리 한번 세어 보자.
응! 좋아.

● 무엇을 배울까요? 구체물에서 전체에 대한 분수만큼은 얼마인지 알아보고 구하게 합니다.

● 언제 배울까요? 초등학교 3학년 1학기 분수와 소수 / 3학년 2학기 분수 단원에서 배워요.

물에는 모두 아홉 마리의 오리가 있어.
우아~ 정말 많이 헤엄치고 있구나.
휙
아, 참! 내가 집에 가서 먹으려던 빵이 좀 있거든.
그건 왜?
오리들이 배고플지 모르니까 조금만 나눠 주려고.
자~ 여기다가 놔 두면 오리들이 물에서 나와 먹겠지?
툭

저것 봐. 아홉 마리 중 3분의 1이 먹기 위해 물 밖으로 나왔어.
아하! 그럼 세 마리라는 말인 거지?
그런데 나오자마자 빵을 다 먹었네.
그럼 좀 더 주자.
툭
툭
이번에는 세 마리가 더 나왔으니 3분의 2가 물 밖으로 나온 거야.

응.
여섯 마리가 먹고 있어.
척
오리들이 또 벌써 다 먹은 것 같은데…
엥? 잠깐 저기 오리들이 우리를 보고 있어.
뭔가 불길한데?
빵을 더 먹고 싶은가 봐!
아홉 마리가 다 뛰어오잖아.
뜨헉
도망가자!
이제 빵이 없어!
꽥
꽥
꽥
꽥
꽥
후다닥

전체에 대한 분수만큼은 얼마인지 알기(1)

▶ 전체에 대한 분수만큼은 얼마인지 수로 나타낼 수 있습니다.

곰인형 6개를 묶음으로 나누어 보고 분수만큼은 몇 개인지 알아볼까요?

곰인형 6개를 똑같이 2묶음으로 나누면 그 중 1만큼은 3개예요.

→ 6의 $\frac{1}{2}$은 3이에요.

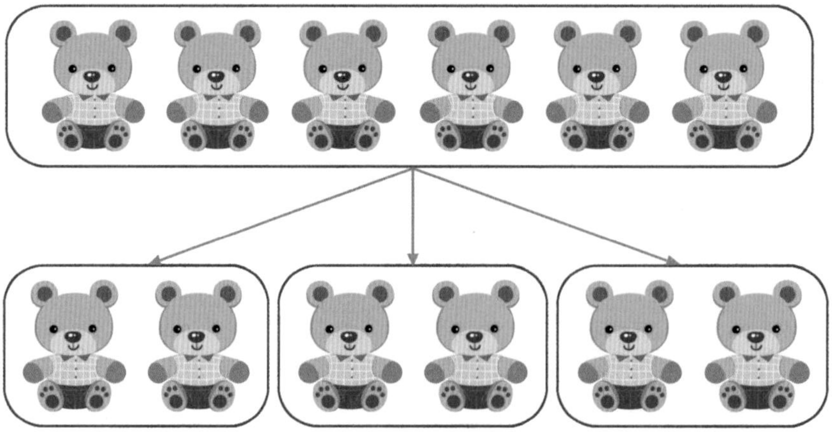

6의 $\frac{1}{3}$은 3묶음으로 나눈 것 중의 1만큼을 나타내므로 2예요.

분수만큼을 알아볼까요?

오리가 9마리 있어요. 전체의 $\frac{1}{3}$만큼을 묶어 보면

똑같이 3묶음으로 나눈 것 중의 한 묶음을 나타내므로 3마리예요.

→ 9의 $\frac{1}{3}$은 3이에요.

→ 9의 $\frac{2}{3}$는 3묶음으로 나눈 것 중의 2묶음을 나타내므로 6이에요.

컵케이크 8개를 4묶음으로 똑같이 나누어 보면, 한 묶음에 2개씩이에요.

→ 8의 $\frac{1}{4}$은 2예요. → 8의 $\frac{3}{4}$은 6이에요.

→ 8의 $\frac{1}{2}$은 4예요.

→ 8의 $\frac{5}{8}$는 5예요.

06 전체에 대한 분수만큼은 얼마인지 알기(2)

배찌야,
무슨 색칠하고 있어?
토리구나~
지금 종이 띠에
다양한 색깔로
색칠 중이야.
우아~
재미있겠다.
구경해야지!

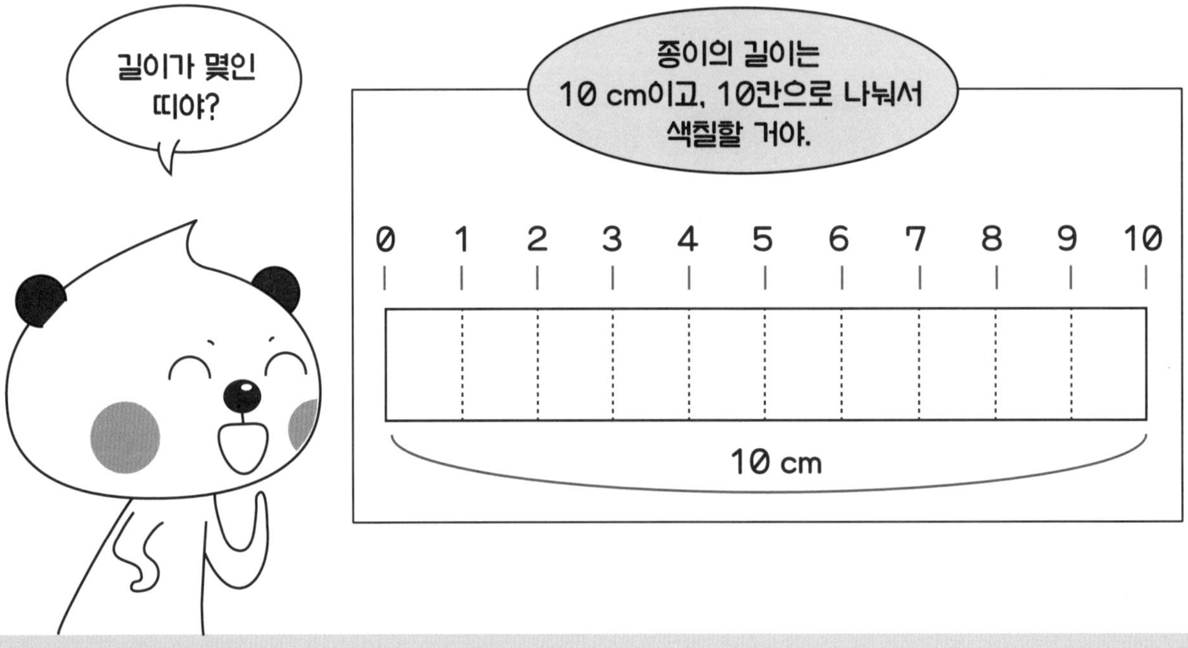
길이가 몇인
띠야?
종이의 길이는
10 cm이고, 10칸으로 나눠서
색칠할 거야.
0 1 2 3 4 5 6 7 8 9 10
10 cm

● 무엇을 배울까요? 길이에서 전체에 대한 부분을 이해하고 분수로 나타내어 보게 합니다.
길이에서 전체에 대한 분수만큼은 얼마인지 알아보고 구하게 합니다.

● 언제 배울까요? 초등학교 3학년 1학기 분수와 소수 / 3학년 2학기 분수 단원에서 배워요.

처음 칠할 색깔은 무슨 색이야?
궁금
궁금
처음은 당연히 빨간색이지!
씨익
우선 한 칸에만 빨간색을 칠해 주면~
쓱싹
쓱싹
쓱싹
쓱싹
자~ 이제 10분의 1은 빨간색이 칠해졌어.
짜잔~
그리고 다음 색깔들도 하나씩 칠해 줘야지.
오옷!
찡긋

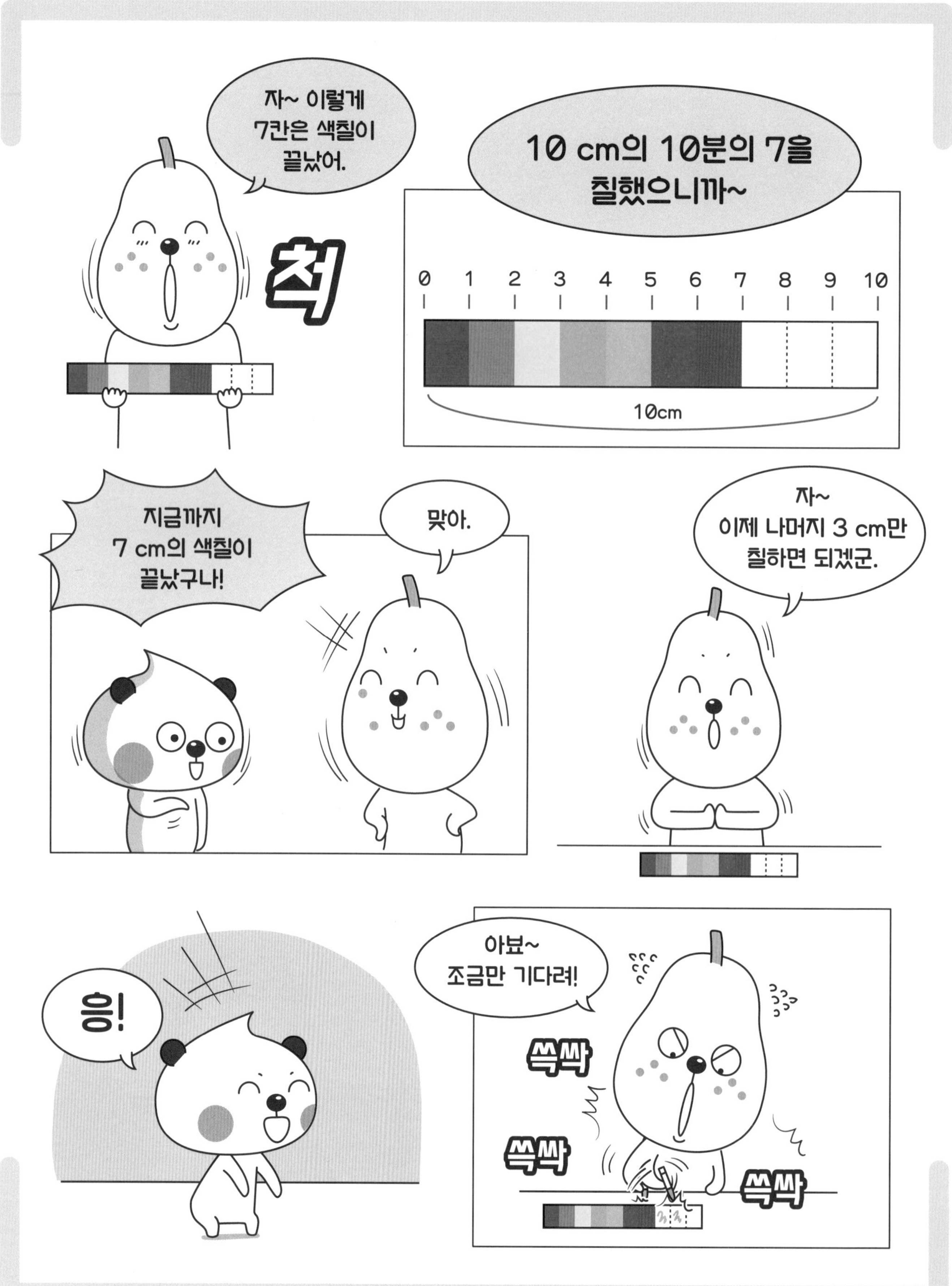
자~ 이렇게 7칸은 색칠이 끝났어.
척
10 cm의 10분의 7을 칠했으니까~
0 1 2 3 4 5 6 7 8 9 10
10cm
지금까지 7 cm의 색칠이 끝났구나!
맞아.
자~ 이제 나머지 3 cm만 칠하면 되겠군.
응!
아뵤~ 조금만 기다려!
쓱싹
쓱싹
쓱싹

짜잔~
완성이야.
척
우아~
다양한 색의
종이 띠가 만들어졌어.
어때?
예쁘지?
활짝
그런데
이 띠는 어디에
쓰려고 만든 거야?
후훗!
이건 말이야.
씨익
장기 자랑 할 때
춤을 출건데,
그때
머리에 두르고 추면
아주 멋질 거야.
흔들
흔들
씰룩
씰룩
멋진 건 모르겠는데
웃기긴 하겠네.

전체에 대한 분수만큼은 얼마인지 알기(2)

▶ 길이에서 전체에 대한 부분을 분수로 나타내고 전체에 대한 분수만큼의 길이를 구할 수 있습니다.

10 cm짜리 종이띠의 $\frac{1}{10}$을 색칠해 볼까요?

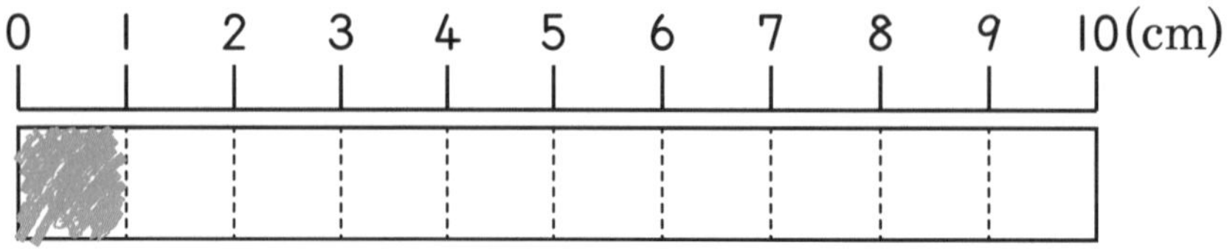

10의 $\frac{1}{10}$은 똑같이 10개로 나눈 것 중의 1을 나타내므로 1이에요.

→ 10 cm의 $\frac{1}{10}$은 1 cm예요.

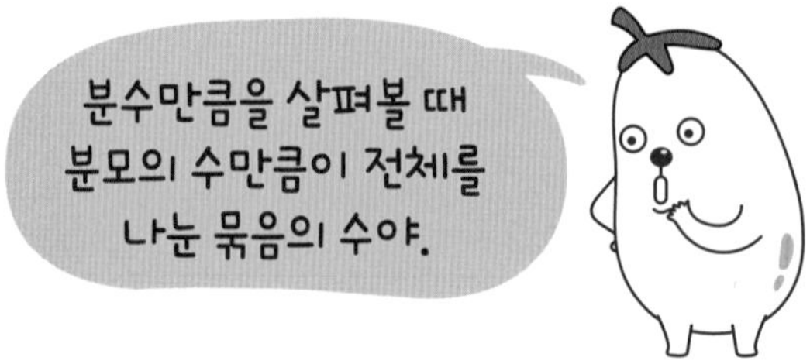

10 cm짜리 종이띠의 $\frac{1}{5}$을 색칠해 볼까요?

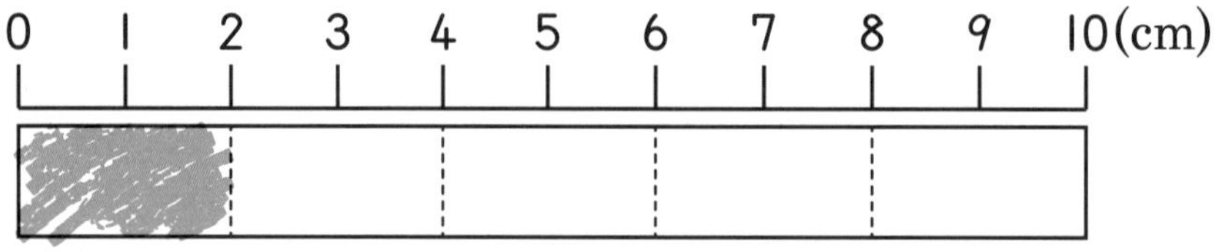

10의 $\frac{1}{5}$은 똑같이 5개로 나눈 것 중의 1을 나타내므로 2예요.

→ 10 cm의 $\frac{1}{5}$은 2 cm예요.

6cm짜리 종이띠의 $\frac{1}{3}$을 색칠해 볼까요?

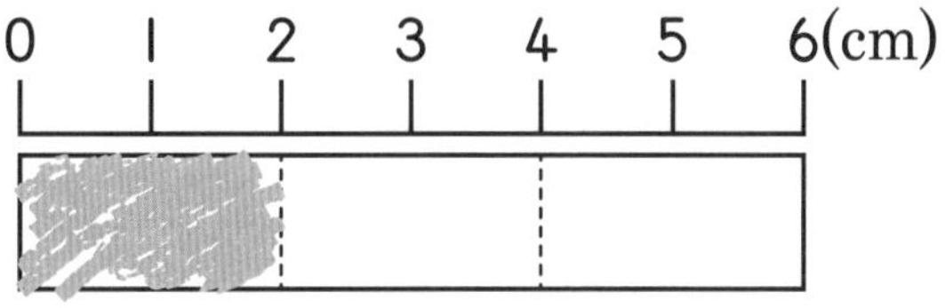

6의 $\frac{1}{3}$은 똑같이 3개로 나눈 것 중의 1을 나타내므로 2예요.

→ 6cm의 $\frac{1}{3}$은 2cm예요.

6의 $\frac{2}{3}$는 똑같이 3개로 나눈 것 중의 2를 나타내므로 4예요.

→ 6cm의 $\frac{2}{3}$는 4cm예요.

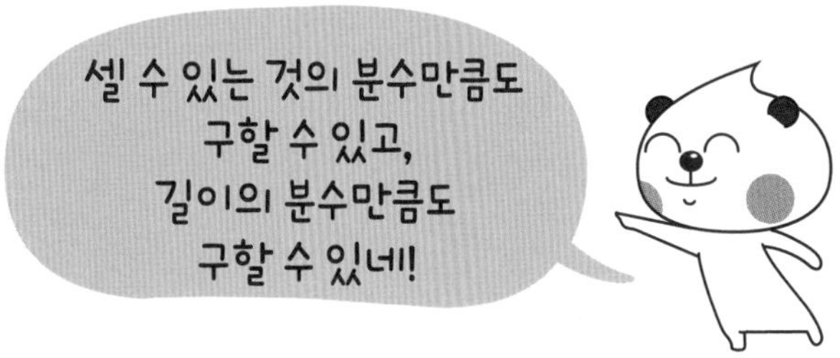

8cm짜리 종이띠의 $\frac{1}{4}$을 색칠해 볼까요?

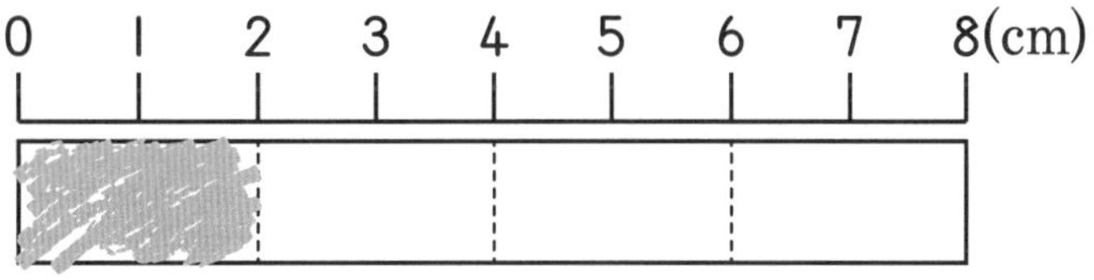

8의 $\frac{1}{4}$은 똑같이 4개로 나눈 것 중의 1을 나타내므로 2예요.

→ 8cm의 $\frac{1}{4}$은 2cm예요.

8의 $\frac{3}{4}$은 똑같이 4개로 나눈 것 중의 3을 나타내므로 6이에요.

→ 8cm의 $\frac{3}{4}$은 6cm예요.

07 진분수, 가분수, 대분수

역시
음식 중에 최고는
피자야.
냠냠
정말 맛있어.
냠냠
냠냠
정말 정신없이
먹었어.
우리가
피자를 얼마나
먹었지?
음…
총 8조각에서
1조각이 남았으니까

- 무엇을 배울까요? 진분수, 가분수, 대분수를 알게 합니다. 진분수, 가분수, 대분수를 분류하고 여러 가지 진분수, 가분수, 대분수를 만들게 합니다.
- 언제 배울까요? 초등학교 3학년 1학기 분수와 소수 / 3학년 2학기 분수 단원에서 배워요.

우린 7조각을 먹었어.
활짝
음, 8분의 7을 먹은 거군.
앗, 이런 분수를 뭐라고 하더라?
히히~ 그건 분모보다 분자가 작으니까 진분수라고 하잖아.
앗! 그랬었지.
깜짝
근데 이제 피자가 1조각 밖에 안 남았네.

난 더 먹고 싶은데.
히히~
걱정하지 마.
시무룩
잠시만
기다려!
쌔앵
어디 가지?
여기 한 판 더
가지고 왔어.
두 판을 사 놨었거든.
히히~
짜잔~
우아~
이제 이게 다
몇 조각이야?
깜짝
이제 모두
8조각 하고도
1조각이 더 많아.

총 9조각.
분수로 말하면
8분의 9나 있어.
이젠
분모보다 분자가
크니까 가분수가
되는구나!
맞아.
자,
이제 맛있게 먹자!
헉!
부들
체로야,
미안해.
벌떡
엥?
갑자기 뭐가?
뿌우우웅
너무 많이 먹었더니
방귀를 못 참겠어.
히히~
크아아악! 냄새.
너 혼자 다 먹어.

진분수, 가분수, 대분수

▶ 분수의 모양을 보고 진분수, 가분수, 대분수를 알 수 있습니다.

분자가 분모보다 작은 분수를 진분수, 분자가 분모와 같거나 분모보다 큰 분수를 가분수라고 해요.
자연수와 진분수로 이루어진 분수를 대분수라고 해요.

피자 $\frac{1}{6}$ 조각을 1, 2, 3, 4, 5개만큼 색칠하고, 분수로 나타내 볼까요?

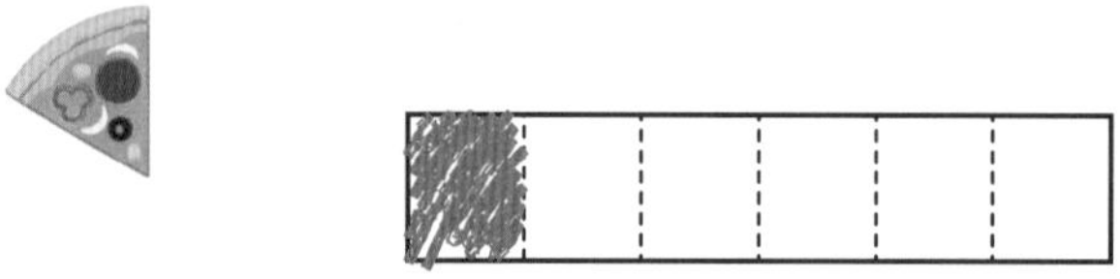

$\frac{1}{6}$이 1개 → $\frac{1}{6}$

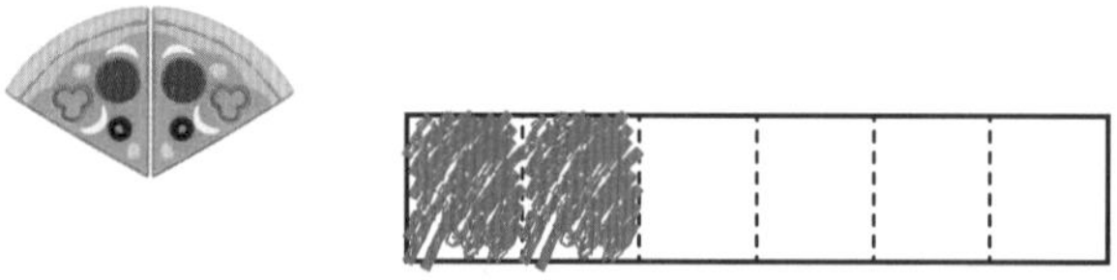

$\frac{1}{6}$이 2개 → $\frac{2}{6}$

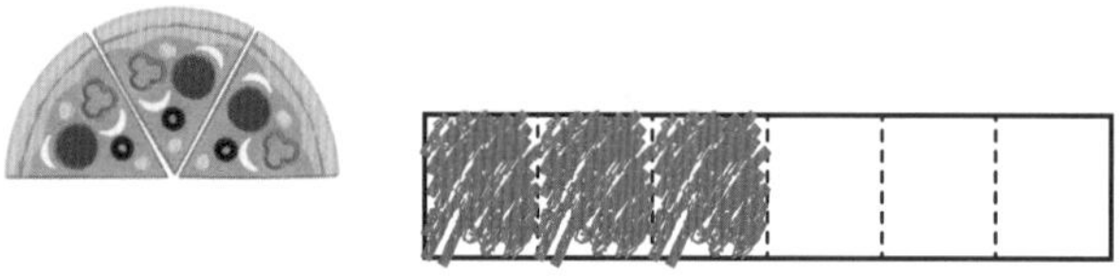

$\frac{1}{6}$이 3개 → $\frac{3}{6}$

$\frac{1}{6}$이 4개 → $\frac{4}{6}$

$\frac{1}{6}$이 5개 → $\frac{5}{6}$

} 진분수

피자 $\frac{1}{6}$ 조각을 6, 7, 8개만큼 색칠하고, 분수로 나타내 볼까요?

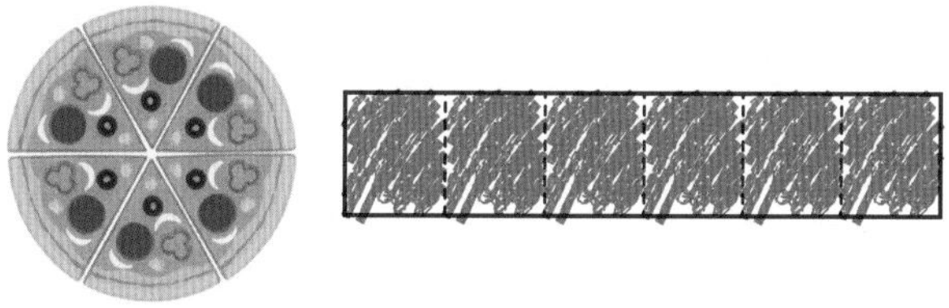

$\frac{1}{6}$이 6개 → $\frac{6}{6}$=1

→ $\frac{1}{6}$이 6개인 수는 1과 같고 이런 수를 자연수라고 해요.

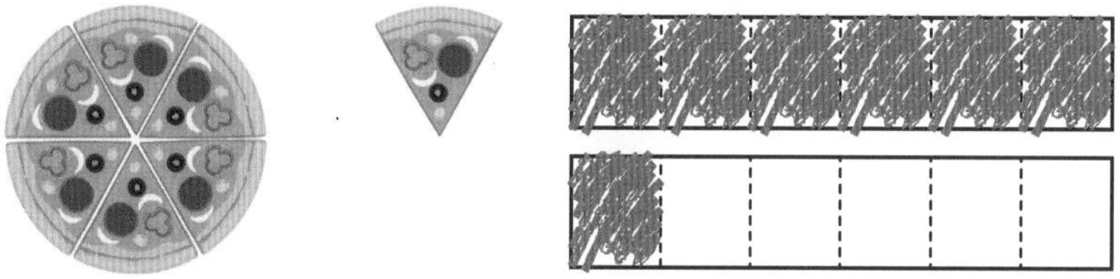

$\frac{1}{6}$이 7개 → $\frac{7}{6}$

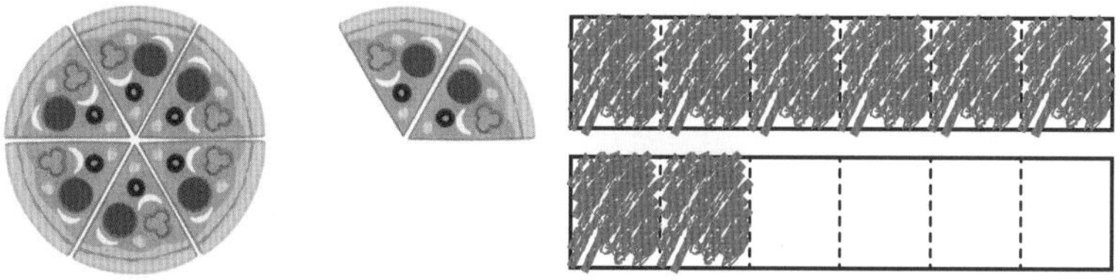

$\frac{1}{6}$이 8개 → $\frac{8}{6}$

가분수

이제 분수의 종류는
모두 알겠지?

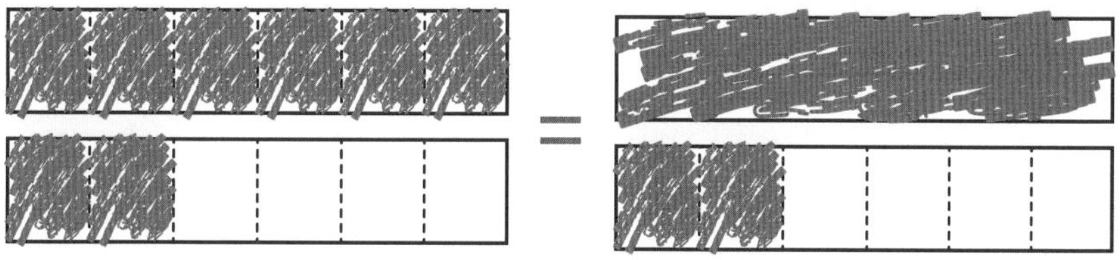

→ $\frac{8}{6}$은 1과 $\frac{2}{6}$와 같고, $1\frac{2}{6}$로 나타낼 수 있어요.

$1\frac{2}{6}$와 같이 자연수와 진분수로 나타낸 분수를 대분수라고 해요.

08 대분수를 가분수로, 가분수를 대분수로 나타내기

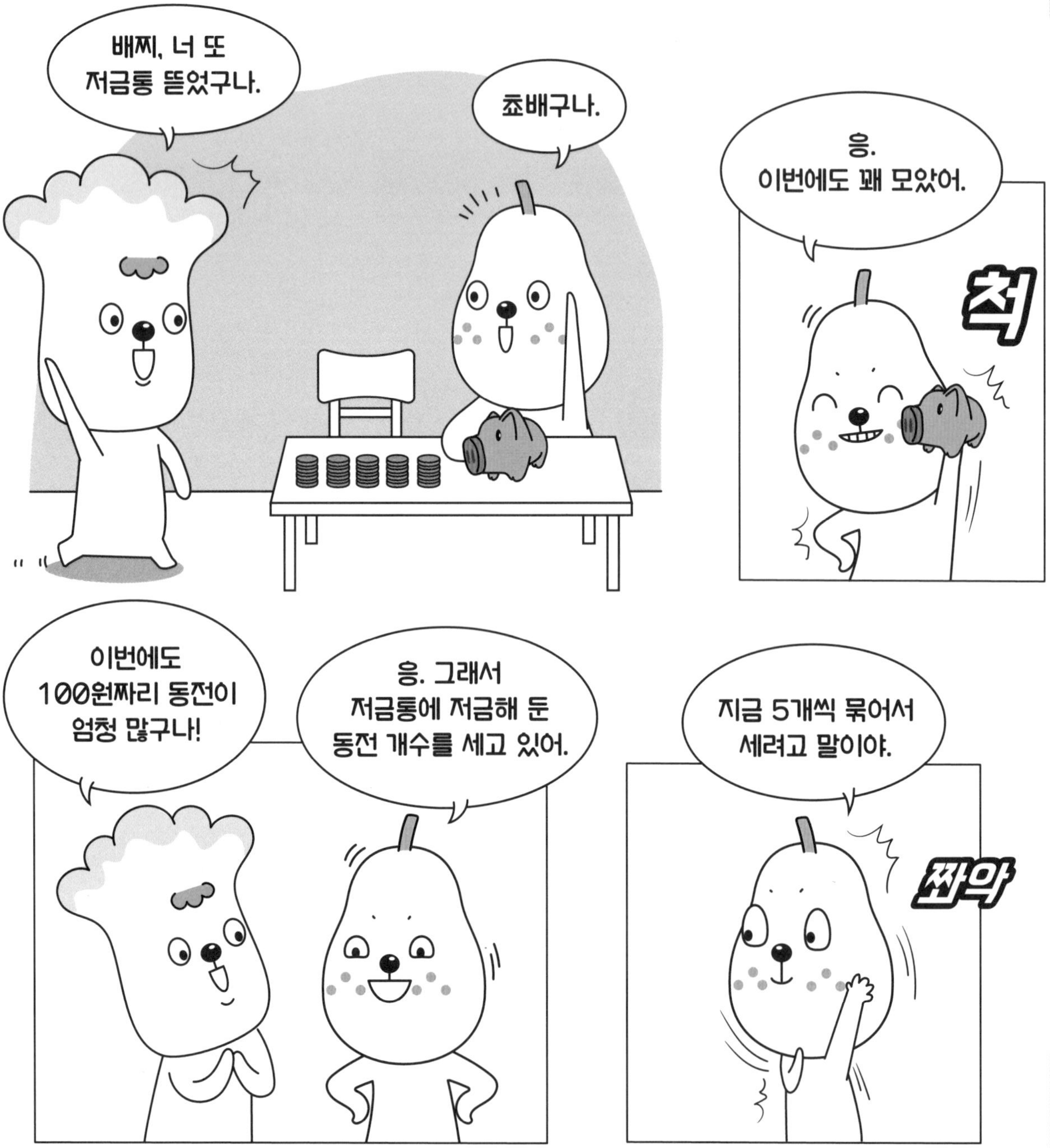
배찌, 너 또 저금통 뜯었구나.
죠배구나.
응. 이번에도 꽤 모았어.
척
이번에도 100원짜리 동전이 엄청 많구나!
응. 그래서 저금통에 저금해 둔 동전 개수를 세고 있어.
지금 5개씩 묶어서 세려고 말이야.
짜악

● 무엇을 배울까요? 대분수를 가분수로, 가분수를 대분수로 나타내고 그 방법을 이야기하게 합니다.
● 언제 배울까요? 초등학교 3학년 1학기 분수와 소수 / 3학년 2학기 분수 단원에서 배워요.

지금 모두 동전 5개씩 묶음이 6개가 있고,
나머지 2개가 있어.
방긋
오늘 수학 시간에 이걸 분수로 나타내는 법도 배웠어.
정말?
깜짝
응. 이 개수를 대분수와 가분수로 나타낼 수 있거든.
대분수로 나타내면 6과 5분의 2야.
가분수로는 5분의 32야.
6 2/5 = 32/5

오늘 배운 수학을 복습해 봤어.
그렇구나.
씨익
그나저나 100원짜리 동전을 꽤 많이 모았구나.
응. 일주일 동안 3,200원을 모았어.
한 푼, 두 푼 알뜰하게 저축하는 습관을 항상 가지고 있거든.
그리고 이 돈으로 작은 피규어를 하나 살 거야.
우아~ 멋지구나!
너도 나를 본받아서 꾸준히 돈을 모으면 네가 원하는 걸 살 수 있어.

그나저나
넌 우리 집에 왜
온 거야?
그게 말이야.
엥?
주섬
주섬
짜잔~
만 원
한 달 동안
꾸준히 모아서
13,000원을 모았거든.
13,000원이나?
씨익
뜨헉
그래서
어떤 장난감을 사면 좋을지
너한테 물어보려고~
끄응… 동전들을
저금통에 다시 넣자.

대분수를 가분수로, 가분수를 대분수로 나타내기

▶ 자연수와 진분수로 이루어진 대분수를 가분수로 나타내고 가분수를 대분수로 나타낼 수 있습니다.

그림을 그려 보면 같은 크기의 분수를 다른 모양의 분수로 바꿔 나타낼 수 있어요.

대분수를 가분수로 나타내 볼까요?

$2\frac{1}{2}$

위의 큰 사각형 2개를 각각 $\frac{1}{2}$씩 똑같이 나누면 $\frac{1}{2}$이 5개로 $\frac{5}{2}$예요.

$\frac{5}{2}$

$$2\frac{1}{2}=\frac{5}{2}$$

아래 그림이 나타내는 수는 $3\frac{1}{4}=\frac{13}{4}$이에요.

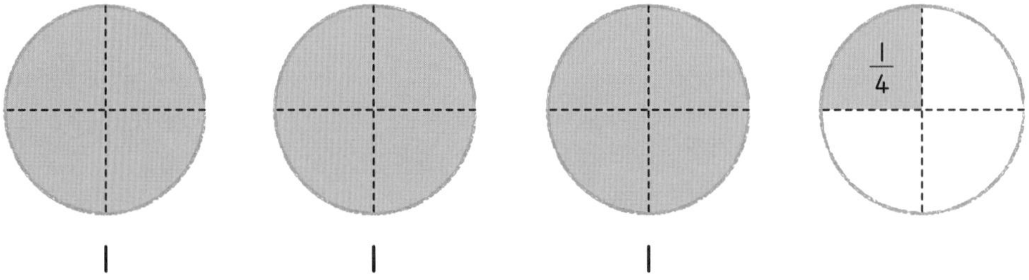

가분수를 대분수로 나타내 볼까요?

$\frac{8}{3}$

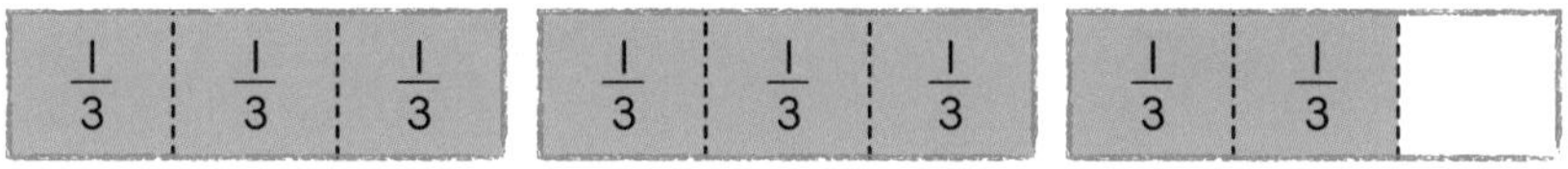

작은 사각형 3개를 모두 색칠한 큰 사각형이 2개,

$\frac{1}{3}$씩 색칠한 사각형이 2개로 $2\frac{2}{3}$예요.

$2\frac{2}{3}$

$$\frac{8}{3}=2\frac{2}{3}$$

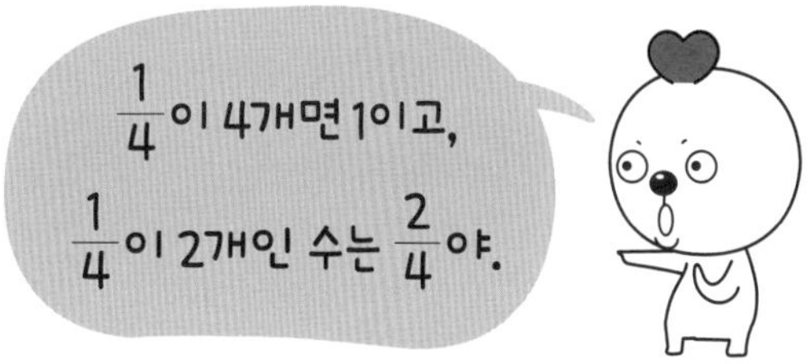

아래 그림이 나타내는 수는 $\frac{6}{4}=1\frac{2}{4}$예요.

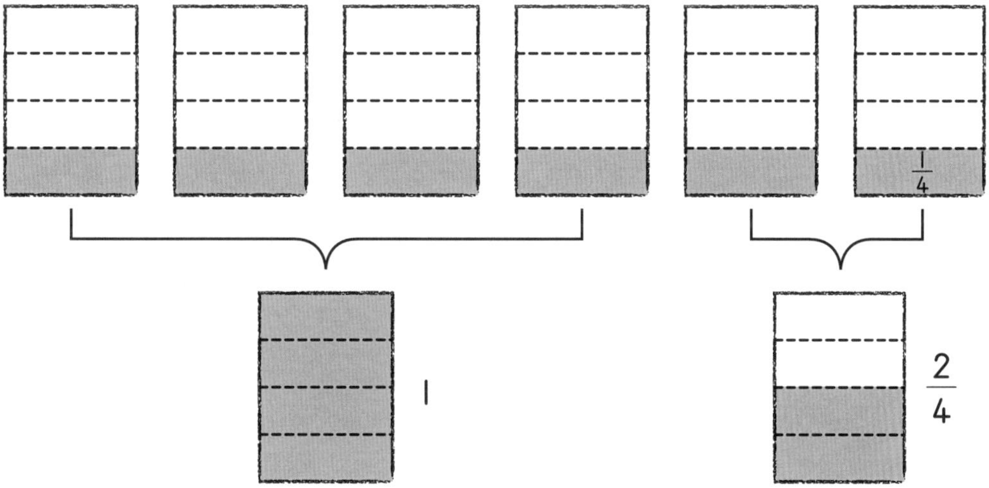

09 분모가 같은 진분수의 크기 비교

자~ 그럼 한번 확인해 볼까?
좋아!
오잉?
너희들 두루마리 휴지를 앞에 두고 뭐 해?
우린 지금 자연 보호를 위해 대결 중이야.
죠배구나~
파악

● 무엇을 배울까요? 분모가 같은 진분수의 크기를 그림 등을 이용하여 다양한 방법으로 비교하게 합니다. 진분수와 단위분수의 관계를 이용하여 분모가 같은 진분수의 크기를 비교하게 합니다.

● 언제 배울까요? 초등학교 3학년 1학기 분수와 소수 / 3학년 2학기 분수 단원에서 배워요.

자연 보호를 위한 대결이라고?
자연 환경을 위해 자원을 아껴야 한다고 배웠잖아.
방긋
그래서 어제부터 우리가 휴지를 아껴쓰는 걸 실천했거든.
씨익
우아~ 멋지구나.
그래서 휴지로 어떤 대결을 한 거야?

어제 하루 동안 가징이랑 나랑 휴지 6장만 사용하기를 했거든.
그래서 지금 각자의 남은 휴지 장수를 세어 보려는 거야.
그럼 어제 누가 더 휴지를 아껴 썼는지 알 수 있겠구나!
자~ 그럼 나부터 얼만큼 사용했는지 말해 줄게.
찡긋
어제 나는 6장 중에 4장을 사용했어.
척
휴지를 4장밖에 안 썼다고?

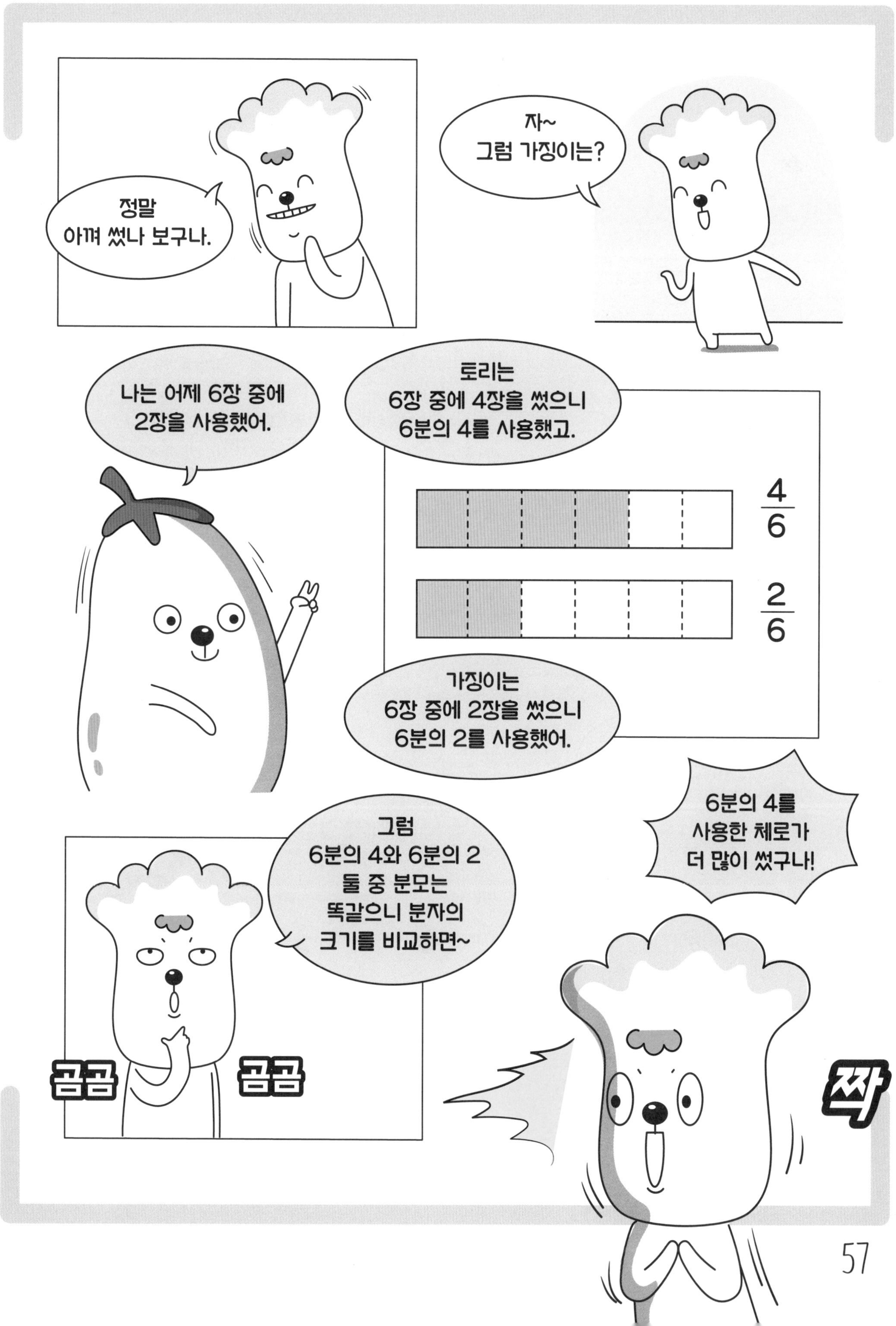
정말
아껴 썼나 보구나.
자~
그럼 가징이는?
나는 어제 6장 중에
2장을 사용했어.
토리는
6장 중에 4장을 썼으니
6분의 4를 사용했고.
$\frac{4}{6}$
$\frac{2}{6}$
가징이는
6장 중에 2장을 썼으니
6분의 2를 사용했어.
그럼
6분의 4와 6분의 2
둘 중 분모는
똑같으니 분자의
크기를 비교하면~
곰곰
곰곰
6분의 4를
사용한 체로가
더 많이 썼구나!
짝

큽!
그러니까 더 아껴 사용한 건 가징이야.
나도 휴지를 엄청 아껴 썼는데 지다니.
우아~ 대단해! 어떻게 하루 동안 휴지 2장만을 사용할 수 있지?
방긋
가징아, 도대체 그 비법이 뭐야?
맞아! 나에게도 그렇게 아끼는 비법을 알려 줘!

궁금해.
궁금해.
궁금해.
궁금해.
궁금해.
좋아!
그 비법을
알려 주지.
척
그 비법은 말이야~
휴지는 아껴야 하니까
물티슈를 사용했어.
짜잔~
씨익
뭐라고!
화들짝
끄응. 어쩐지
수상했어…
으이구~
물티슈도 아껴 써야
해.

분모가 같은 진분수의 크기 비교

- 분모가 같은 진분수는 분자의 크기를 비교하면 됩니다.
- 단위분수의 개수로 비교할 수 있습니다.

분모가 같은 진분수는 분자가 큰 분수가 더 큰 수예요.

$\frac{3}{5}$과 $\frac{2}{5}$의 크기를 $\frac{1}{5}$이 몇 개인지로 비교해 볼까요?

$\frac{3}{5}$  → $\frac{1}{5}$이 3개예요.

$\frac{2}{5}$  → $\frac{1}{5}$이 2개예요.

$\frac{3}{5} > \frac{2}{5}$

→ $\frac{3}{5}$은 $\frac{1}{5}$이 3개, $\frac{2}{5}$는 $\frac{1}{5}$이 2개로 $\frac{3}{5}$이 $\frac{2}{5}$보다 커요.

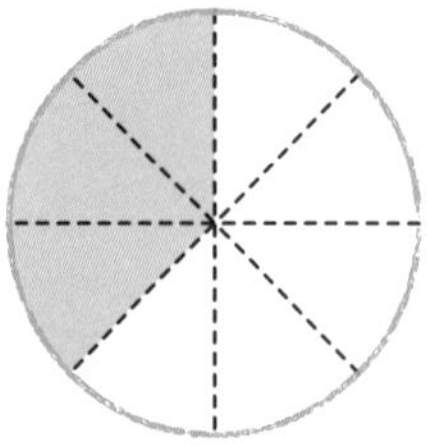

$\frac{3}{8} < \frac{5}{8}$

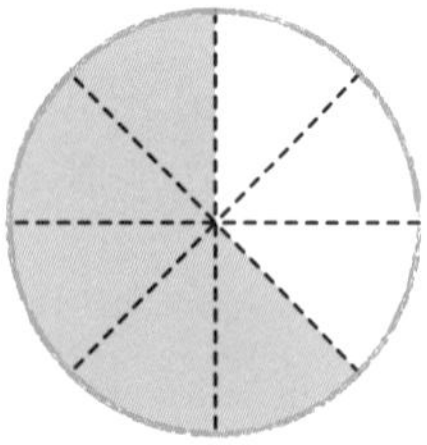

$\frac{1}{8}$이 3개

$\frac{1}{8}$이 5개

$\frac{4}{7}$와 $\frac{6}{7}$의 크기를 수직선에 나타내 길이로 비교해 볼까요?

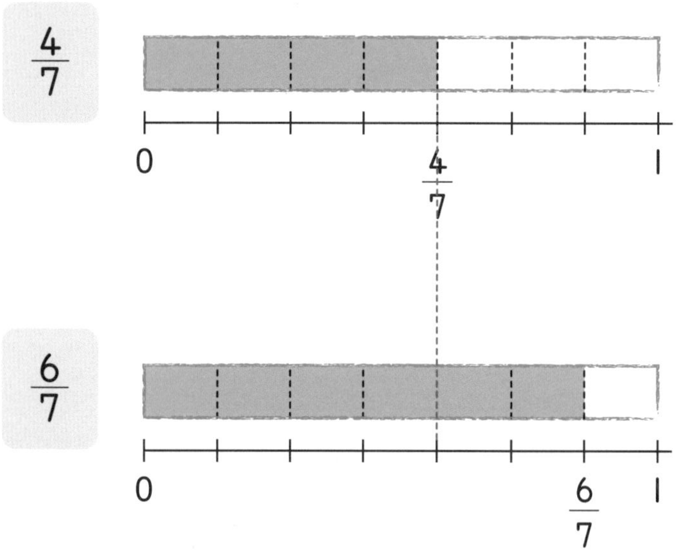

$\frac{4}{7} < \frac{6}{7}$

→ 띠가 차지하는 넓이나 수직선의 길이로 크기를 비교해 보면
분모가 같은 분수의 크기는 분자의 크기로 비교할 수 있어요.

$\frac{5}{9}$와 $\frac{8}{9}$의 크기를 한눈에 비교해 볼까요?

$\frac{5}{9}$와 $\frac{8}{9}$의 크기를 비교할 때 분모가 같으므로 분자의 크기를 비교해요.

$5 < 8$이므로 $\frac{5}{9} < \frac{8}{9}$이에요.

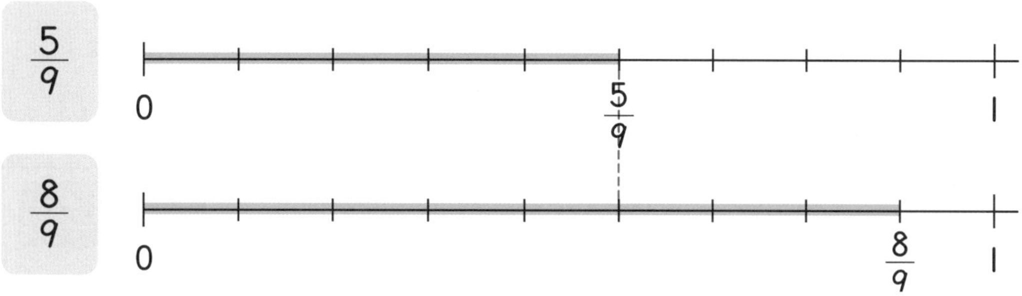

10 단위분수의 크기비교

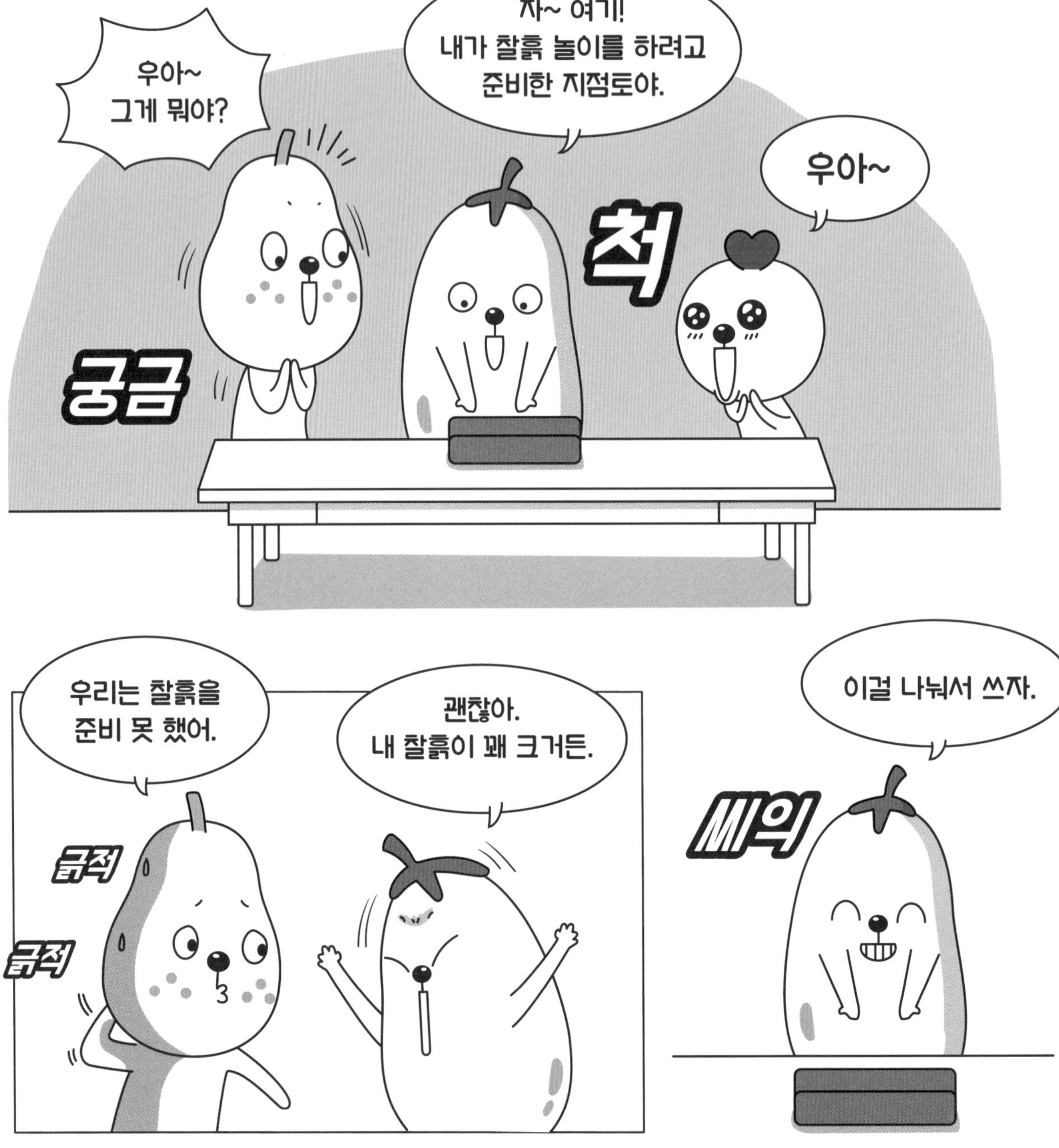
우아~ 그게 뭐야?
자~ 여기! 내가 찰흙 놀이를 하려고 준비한 지점토야.
우아~
궁금
척
우리는 찰흙을 준비 못 했어.
긁적
긁적
괜찮아. 내 찰흙이 꽤 크거든.
이걸 나눠서 쓰자.
씨익

● 무엇을 배울까요? 단위분수의 크기를 그림 등을 이용하여 다양한 방법으로 비교하게 합니다.
단위분수를 수직선에 나타내어 크기를 비교할 수 있게 합니다.

● 언제 배울까요? 초등학교 3학년 1학기 분수와 소수 / 3학년 2학기 분수 단원에서 배워요.

고마워.
방긋
그럼 우선 이 찰흙을 3등분해야겠군.
3등분?
그럼 각자 3분의 1씩 나눠 가지면 되겠군.
1/3 1/3 1/3
척
맞아. 얼른 나누자.
번쩍

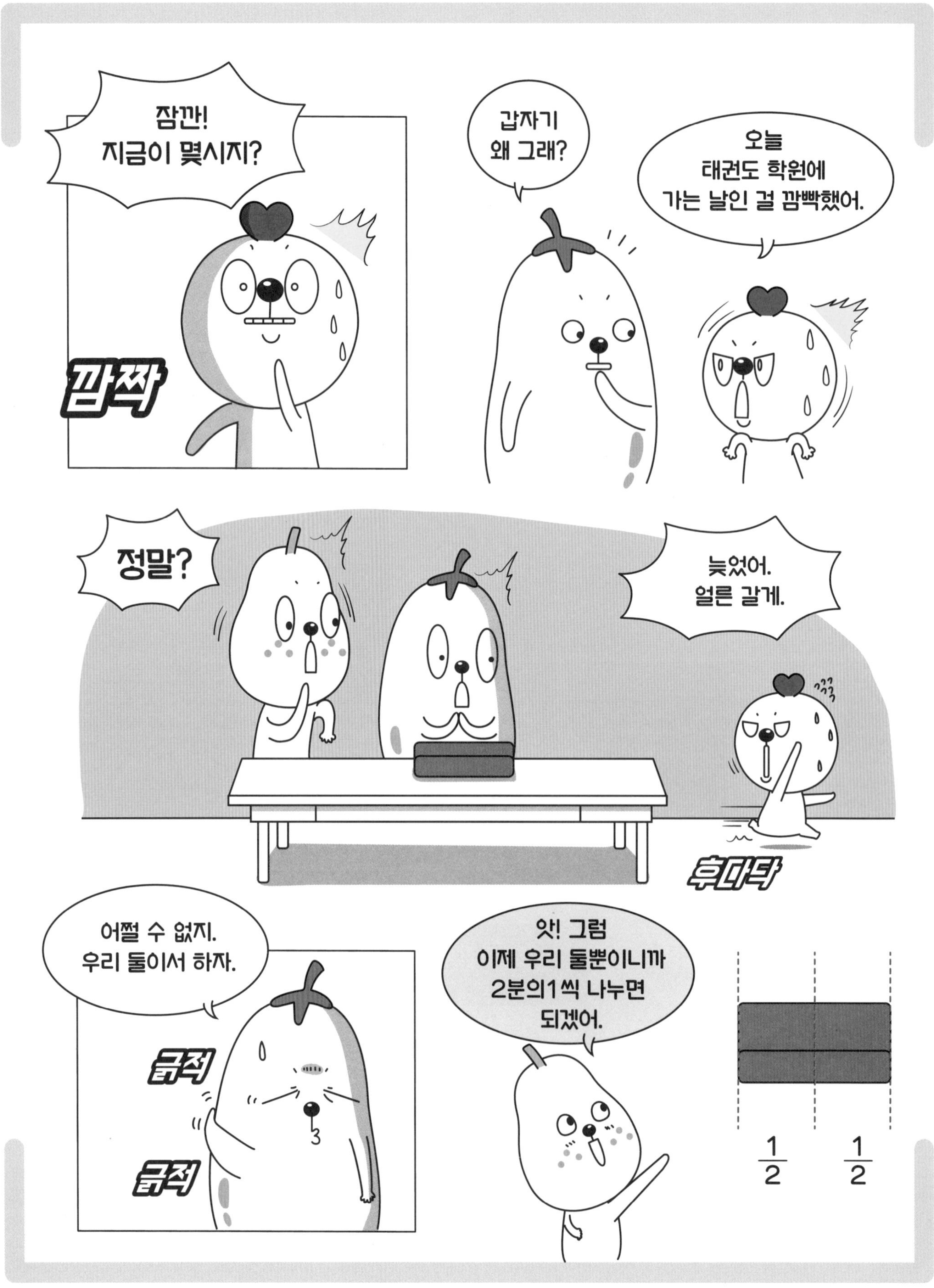
잠깐!
지금이 몇시지?
깜짝
갑자기
왜 그래?
오늘
태권도 학원에
가는 날인 걸 깜빡했어.
정말?
늦었어.
얼른 갈게.
후다닥
어쩔 수 없지.
우리 둘이서 하자.
긁적
긁적
앗! 그럼
이제 우리 둘뿐이니까
2분의1씩 나누면
되겠어.
1/2
1/2

3분의 1보다는 2분의 1이 더 크잖아.
1/3
1/2
우리가 각자 만들 수 있는 찰흙의 양이 더 많아진 거야.
그렇구나.
자~ 이제 진짜 만들어 보자.
잠깐!
멈칫
근데 말이야. 우리도 체로랑 같은 태권도 학원다니잖아.
오잉?
우리도 가는 날이잖아!
체로야, 같이 가!
후다닥

단위분수의 크기 비교

▶ 분수 중에서 $\frac{1}{2}$, $\frac{1}{3}$, $\frac{1}{4}$, $\frac{1}{5}$……과 같이 분자가 1인 분수를 단위분수라고 합니다.

단위분수는 분모가 클수록 작은 분수예요.

종이띠를 똑같은 크기로 나누어 볼까요?

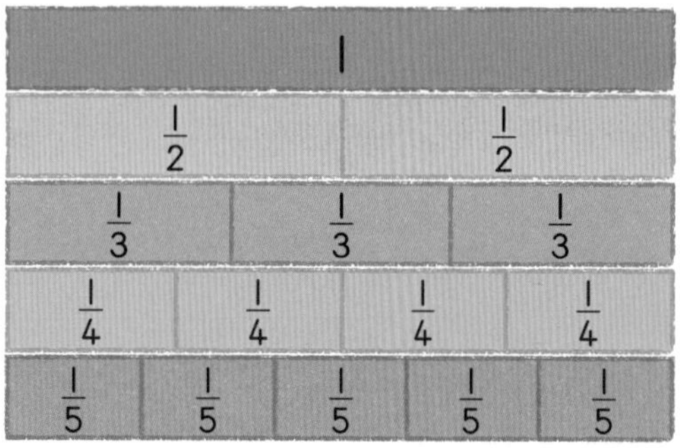

1을 똑같이 2로 나눈 것 중의 하나를 $\frac{1}{2}$,
3으로 나눈 것 중의 하나를 $\frac{1}{3}$,
4로 나눈 것 중의 하나를 $\frac{1}{4}$,
5로 나눈 것 중의 하나를 $\frac{1}{5}$로 나타내요.

이렇게 똑같이 나눈 것 중의 하나를 나타내는 분자가 1인 분수를 단위분수라고 해요.

띠의 길이를 비교하면 단위분수의 크기를 비교할 수 있어요.

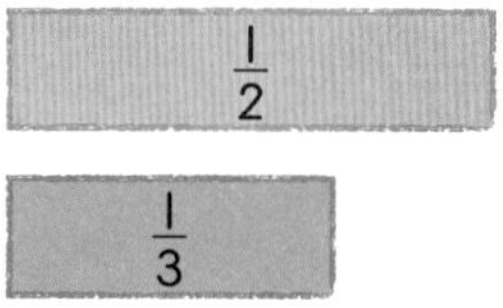

→ $\frac{1}{2} > \frac{1}{3}$

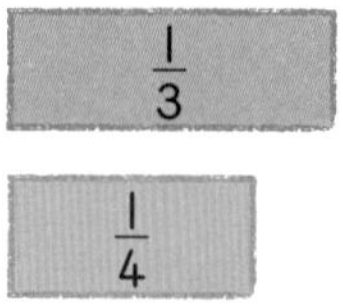

→ $\frac{1}{3} > \frac{1}{4}$

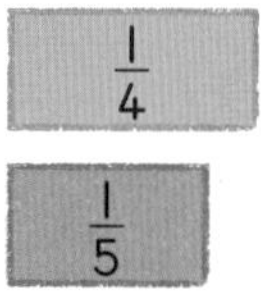

→ $\frac{1}{4} > \frac{1}{5}$

단위분수를 수직선에 나타내서 크기를 비교해 볼까요?

똑같이 나누어진 한 부분의 크기가 단위분수의 크기와 같아요.
분모의 수가 클수록 나누는 수가 커지므로 나누어진 한 부분은 더 작아져요.

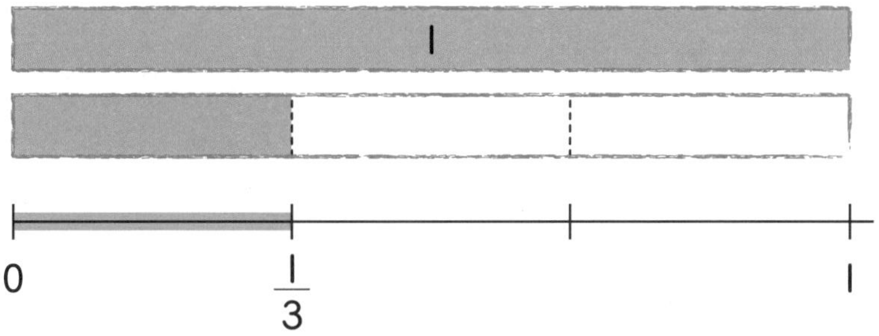

$\frac{1}{3}$ → 분모가 3,
1을 똑같이 3으로
나눈 것 중의 1

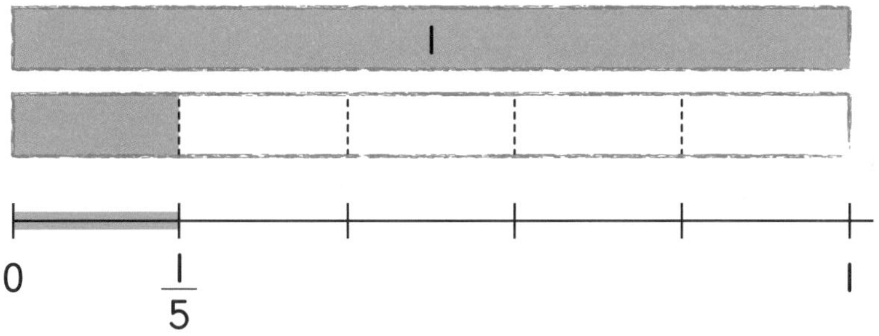

$\frac{1}{5}$ → 분모가 5,
1을 똑같이 5로
나눈 것 중의 1

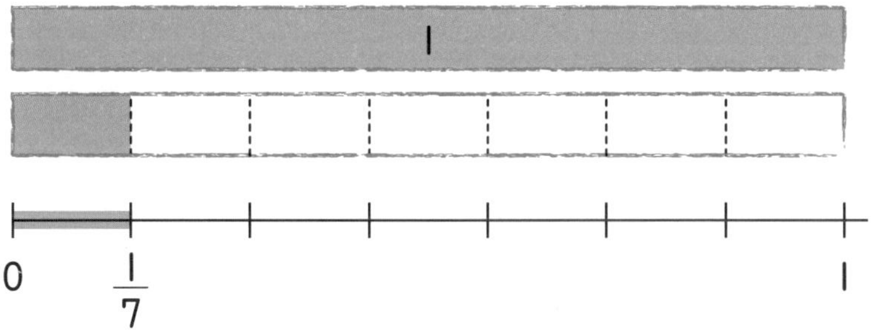

$\frac{1}{7}$ → 분모가 7,
1을 똑같이 7로
나눈 것 중의 1

$3<5<7 \rightarrow \frac{1}{3}>\frac{1}{5}>\frac{1}{7}$

11 분모가 같은 대분수의 크기 비교

자~ 체로야, 너도 준비했지?
응~ 오늘 수수깡으로 만들기 놀이 하기로 했잖아.
활짝
서로 수수깡을 얼마나 들고 왔는지 확인해 보자.
번쩍
그럼 내 것부터 보여 줄게.
척
난 5개가 들어 있는 수수깡 세트가 3개 있고 낱개가 2개 있어.

● 무엇을 배울까요? 분모가 같은 가분수끼리의 크기를 비교하고 그 방법을 이야기하게 합니다.
분모가 같은 대분수끼리의 크기를 비교하고 그 방법을 이야기하게 합니다.
분모가 같은 가분수와 대분수의 크기를 비교하고 그 방법을 이야기하게 합니다.

● 언제 배울까요? 초등학교 3학년 1학기 분수와 소수 / 3학년 2학기 분수 단원에서 배워요.

난 5개가 들어 있는 수수깡 세트가 2개 있고, 낱개가 3개 있어.
그럼 난 3과 5분의 2가 있고, 체로는 2와 5분의 3이 있는 거네~
$3\frac{2}{5}$
$2\frac{3}{5}$
내가 훨씬 수수깡을 많이 들고 왔군.
그러네.
체로보다 많으니까 훨씬 더 멋진 작품을 만들어 주마.
씨익

흐잉~
부러워.
뚝딱
뚝딱
뚝딱
샤샤샥
뚝딱
히히~
난 다 만들었어.
우아!
벌써?
깜짝
나보다 수수깡이
훨씬 많으니까 멋진 작품을
만들었겠지~
휴~ 힘들었다.
역시 수수깡 만들기는
쉽지 않군.
엄청난
작품을
만들었나 봐!

토리야,
어떤 작품을 만들었어?
바로
큰 댐을 만들었어.
활짝
댐?
역시나 멋진 작품을
만들었겠구나!
후훗~
바로 이거야.
앗!
그게 바로 큰 댐이구…
뜨헉!
어때?
멋진 댐이지?
그건
그냥 수수깡을 일렬로
세워서 붙힌 거잖아.
끙

분모가 같은 대분수의 크기 비교

- 분모가 같은 대분수의 크기를 비교할 때는 먼저 자연수 부분을 비교하고 진분수 부분을 비교합니다.
- 가분수와 대분수를 비교할 때는 가분수 또는 대분수로 고쳐서 비교합니다.

분모가 같은 가분수의 크기를 비교해 볼까요?

$\frac{7}{6}$ m와 $\frac{11}{6}$ m의 길이를 수직선에 나타내 보아요.

분모가 6이므로 1 m를 6등분 한 수직선을 그려요.

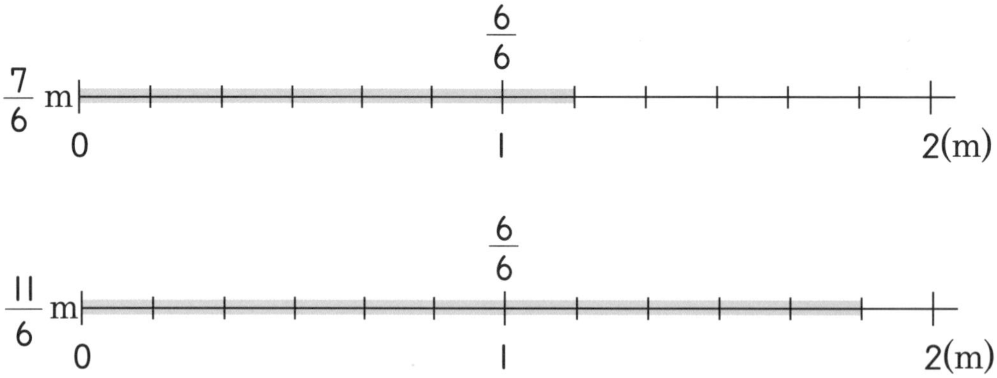

→ $\frac{7}{6} < \frac{11}{6}$

분모가 같은 가분수는 분자의 수가 큰 쪽의 분수가 더 커요.

분모가 같고 자연수 부분이 다른 대분수의 크기를 비교해 볼까요?

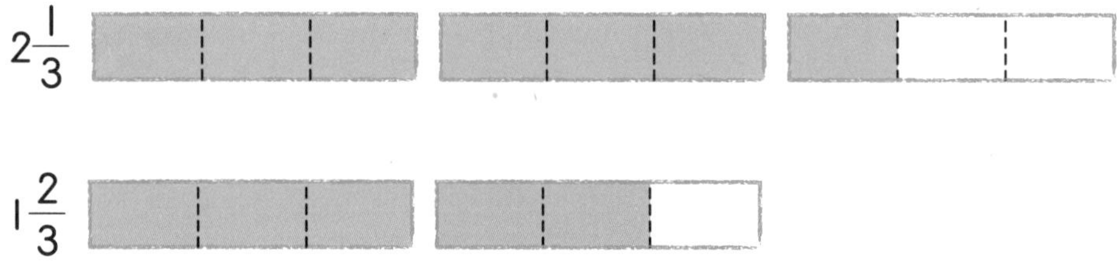

→ $2\frac{1}{3} > 1\frac{2}{3}$

분모가 같은 대분수는 자연수 부분이 큰 쪽의 분수가 더 커요.

분모와 자연수 부분이 같은 대분수의 크기를 비교해 볼까요?

$2\frac{1}{3}$

$2\frac{2}{3}$

→ $2\frac{1}{3} < 2\frac{2}{3}$

자연수 부분이 같으면 진분수 부분의 크기를 비교하여 분자가 더 큰 쪽의 분수가 더 커요.

분모가 같은 가분수와 대분수의 크기를 비교해 볼까요?

$3\frac{1}{3}$과 $\frac{11}{3}$의 크기 비교

(방법 1) 대분수를 가분수로 나타내서 비교하기

$$3\frac{1}{3} = \frac{9}{3} + \frac{1}{3} = \frac{10}{3}$$

$$\frac{10}{3} < \frac{11}{3} \rightarrow 3\frac{1}{3} < \frac{11}{3}$$

분모가 같은 가분수이므로 분자의 크기를 비교해요.

(방법 2) 가분수를 대분수로 나타내서 비교하기

$$\frac{11}{3} = \frac{9}{3} + \frac{2}{3} = 3\frac{2}{3}$$

$$3\frac{1}{3} < 3\frac{2}{3} \rightarrow 3\frac{1}{3} < \frac{11}{3}$$

자연수 부분이 같으므로 진분수 부분을 비교해요.

모양이 대분수, 가분수로
서로 다르면 둘 중 하나로
맞춰서 비교하면 돼!

01 소수 이해하기

룰루랄라~
깡총
깡총
앗! 죠배야.
배찌구나~
흔들
흔들
죠배야,
손에 든 종이 가방은
뭐야?
여기 안에
든 건 식빵이야.
짜잔~
식빵?

● 무엇을 배울까요? 분모가 10인 분수를 통하여 소수 한 자리 수를 알게 합니다.
소수를 쓰고 읽을 수 있게 합니다.

● 언제 배울까요? 초등학교 3학년 1학기 분수와 소수 / 4학년 2학기 소수의 덧셈과 뺄셈 단원에서 배워요.

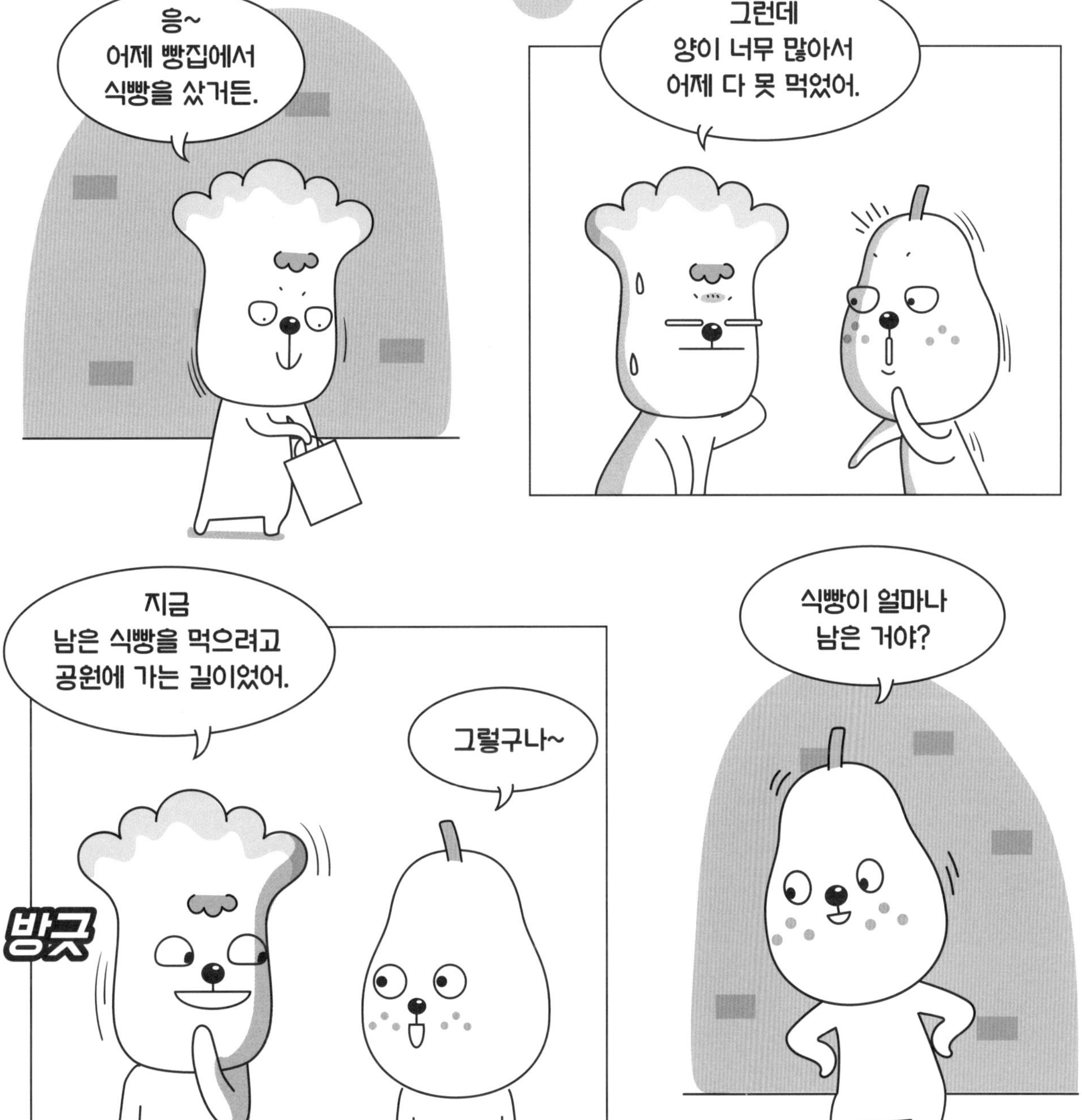
응~ 어제 빵집에서 식빵을 샀거든.
그런데 양이 너무 많아서 어제 다 못 먹었어.
지금 남은 식빵을 먹으려고 공원에 가는 길이었어.
그렇구나~
방긋
식빵이 얼마나 남은 거야?

음…
어제 식빵을 사서
10등분을 하고~
그중 4개를 먹었으니
지금 종이 가방 안에 든 건
6개가 남아 있어.
수학 시간에
배웠는데 이걸
분수로 하면
10분의 6이라고
한대.
나도 배운 게 있어.
그걸 소수로 표현하면
0.6이라고.
0.6
척
히히~
맞아.
씨익
배찌야,
너도 식빵 먹으러
공원에 같이 갈래?

야호! 좋아. 나도 갈래.
안 그래도 지금 엄청 출출했거든.
활짝
그런데 무슨 식빵인지 봐도 돼?
휙
응. 이게 무슨 식빵이냐면~
종이 가방이 왜 이렇게 가볍지?
오잉?
뜨헉! 종이 가방 밑이 다 찢어졌잖아.
식빵 먹을 생각에 기분이 좋아 신나게 흔들고 오다가 찢어졌나 봐.
난 이만 집에 가서 밥 먹을게~

소수 이해하기

▸ $\frac{1}{10}$, $\frac{2}{10}$, $\frac{3}{10}$ …… $\frac{9}{10}$를 0.1, 0.2, 0.3…… 0.9라 쓰고 영 점 일, 영 점 이, 영 점 삼…… 영 점 구라고 읽습니다.

0.1, 0.2, 0.3과 같은 수를 소수라 하고, '.'를 소수점이라고 해요.

1cm를 똑같이 10으로 나누고 분수와 소수로 나타내 볼까요?

1cm를 똑같이 10으로 나눈 것 중의 1은 $\frac{1}{10}$cm, 2는 $\frac{2}{10}$cm… 6은 $\frac{6}{10}$cm에요.

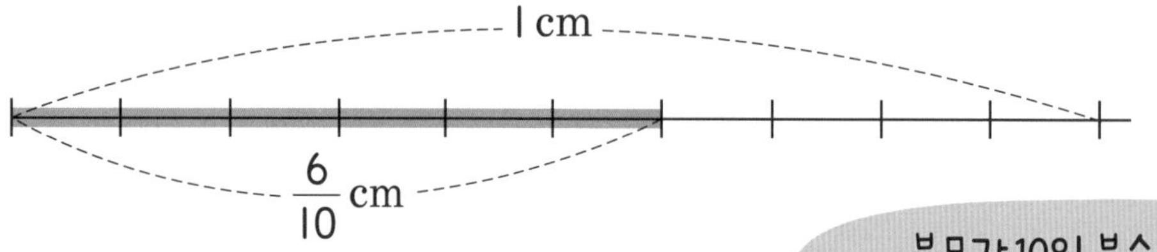

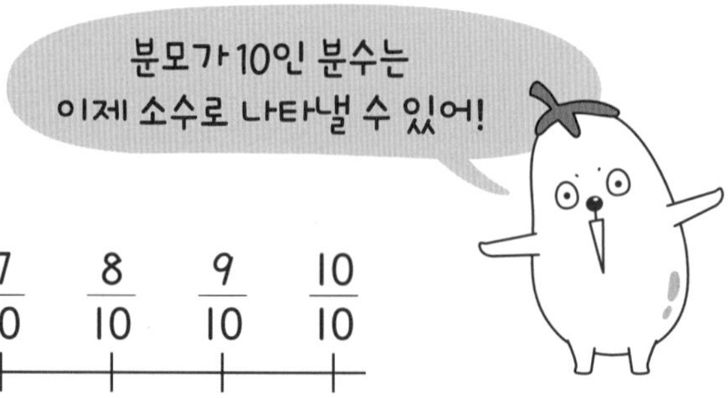

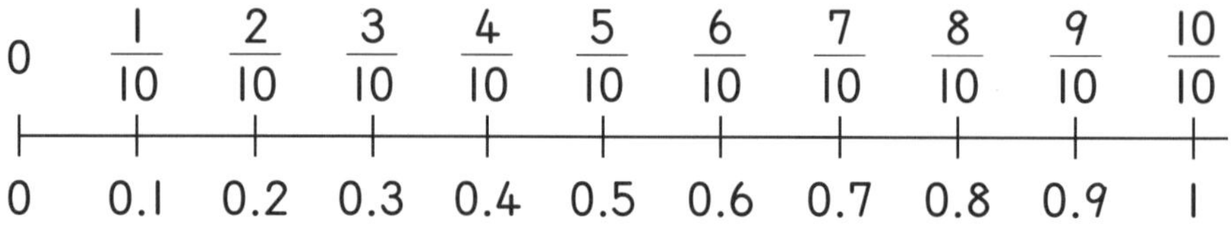

1을 똑같이 10으로 나눈 것 중의 1을 $\frac{1}{10}$이라 쓰고 십분의 일이라고 읽어요.

$\frac{1}{10}$을 0.1로 나타내고 영 점 일이라고 읽어요.

분수	$\frac{1}{10}$	$\frac{2}{10}$	$\frac{3}{10}$	$\frac{4}{10}$	$\frac{5}{10}$	$\frac{6}{10}$	$\frac{7}{10}$	$\frac{8}{10}$	$\frac{9}{10}$
소수	0.1	0.2	0.3	0.4	0.5	0.6	0.7	0.8	0.9
읽기	영 점 일	영 점 이	영 점 삼	영 점 사	영 점 오	영 점 육	영 점 칠	영 점 팔	영 점 구

그림을 보고 분수와 소수로 나타내 볼까요?

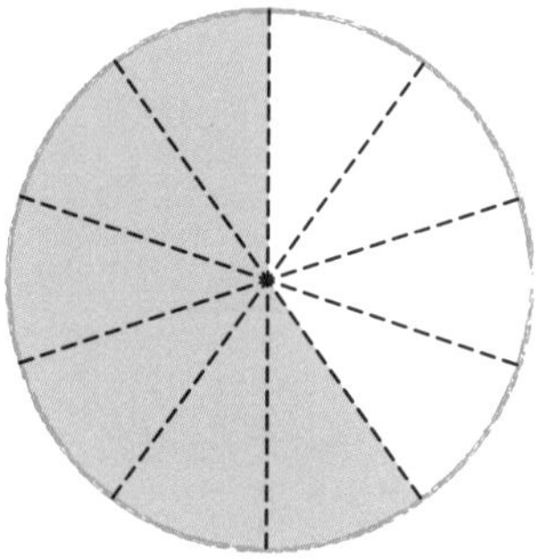

전체를 10으로 똑같이 나눈 것으로 한 칸은 $\frac{1}{10}$을 나타내요.

6칸이 색칠되어 있으므로 $\frac{6}{10}$이고, $\frac{6}{10}$=0.6이에요.

0.6은 0.1이 6개예요.

전체를 10으로 똑같이 나눈 것으로 한 칸은 $\frac{1}{10}$을 나타내요.

3칸이 색칠되어 있으므로 $\frac{3}{10}$이고, $\frac{3}{10}$=0.3이에요.

0.3은 0.1이 3개예요.

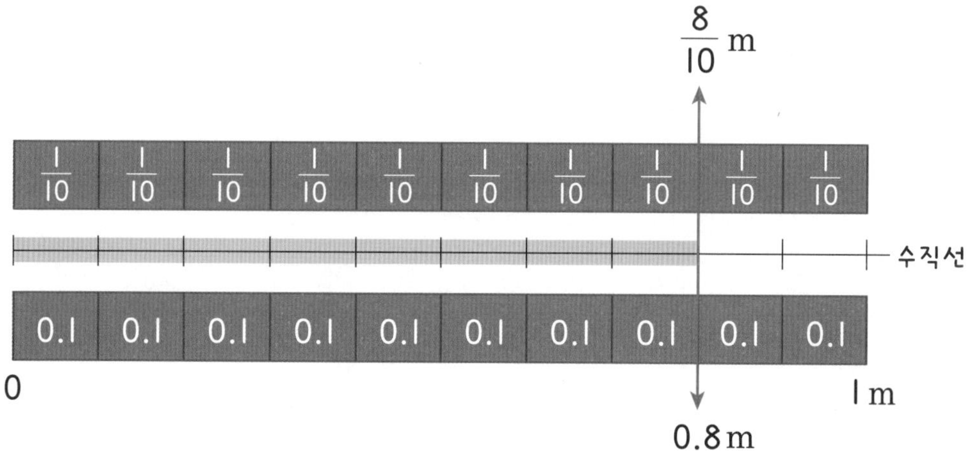

$\frac{1}{10}$m가 8개이면 $\frac{8}{10}$m예요.

0.1m가 8개이면 0.8m예요.

→ $\frac{8}{10}$m=0.8m

02 자연수와 소수

체로야,
뭐 하고 있어?
지금 연필을
재는 중이야.
연필의 길이는
왜?
멈칫
연필의 길이가
갑자기 많이 짧아진 것
같아서 확인해 보려고.
긁적
긁적
그렇구나~
자를 가지고
재어 볼게.
척

● 무엇을 배울까요? mm와 cm의 관계를 이용하여 자연수와 소수를 이해하게 합니다.
자연수와 소수로 이루어진 소수를 쓰고 읽을 수 있게 합니다.

● 언제 배울까요? 초등학교 3학년 1학기 분수와 소수 / 4학년 2학기 소수의 덧셈과 뺄샘
단원에서 배워요.

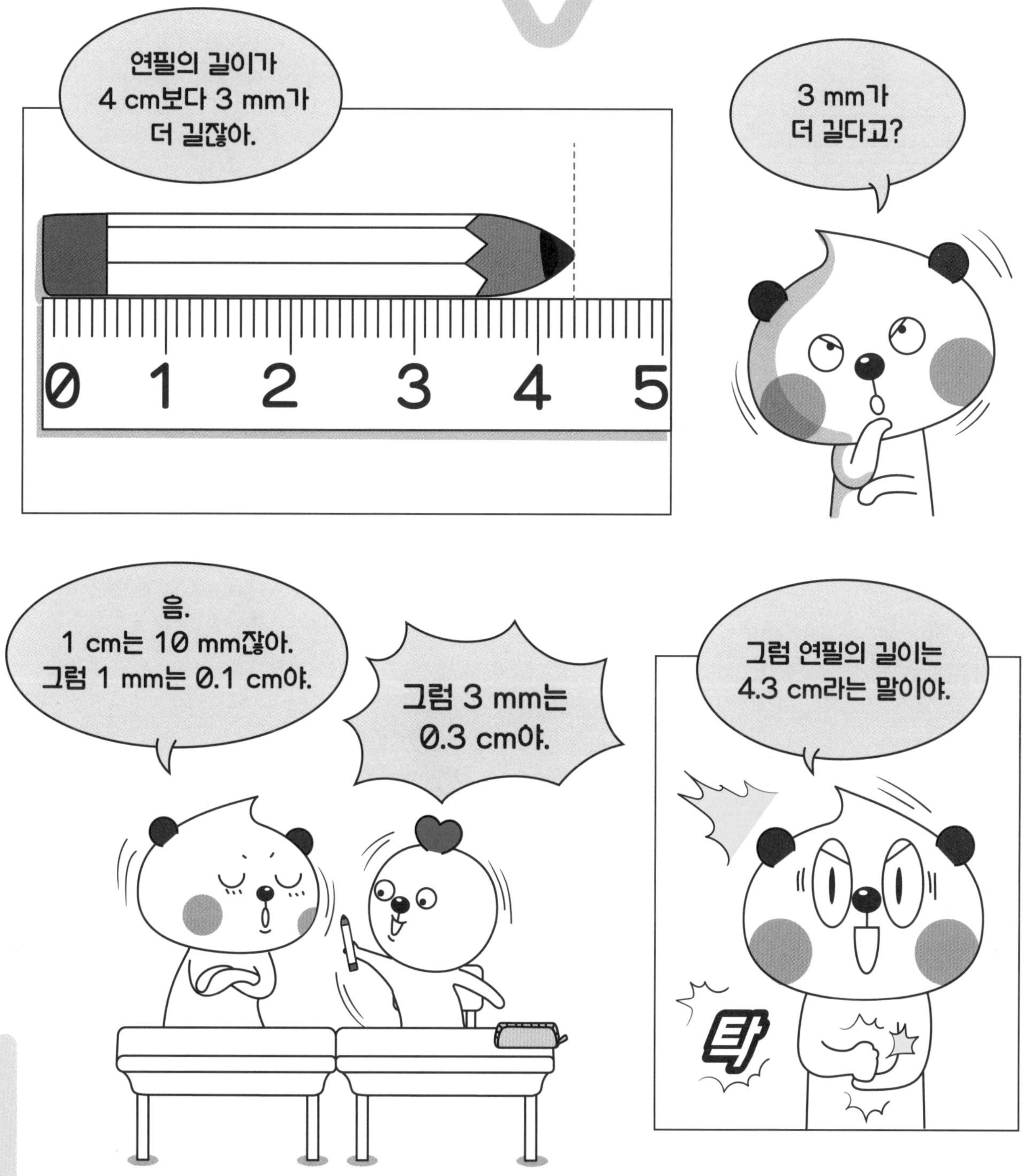

연필의 길이가 4 cm보다 3 mm가 더 길잖아.
0 1 2 3 4 5
3 mm가 더 길다고?
음. 1 cm는 10 mm잖아. 그럼 1 mm는 0.1 cm야.
그럼 3 mm는 0.3 cm야.
그럼 연필의 길이는 4.3 cm라는 말이야.
탁

정말 이상하네~
곰곰
곰곰
뭐가?
어제까지만 해도 내 연필의 길이는 이것보다 훨씬 길었어.
원래 연필의 길이는 몇이었어?
연필의 길이가 10 cm가 넘었거든.
짜악
맞아. 정확히 10.7 cm였다고.
짝
그런데 하루 만에 이렇게 짧아졌다는 게 수상해.

정말이네. 하루 만에 어떻게 이렇게 짧아졌지?
혹시 누가 내 연필과 똑같은 연필을 바꿔치기한 게 아닐까?
맞아. 그것 말고는 이렇게 하루 만에 짧아질 리가 없어.
벌떡
반드시 범인을 잡고 말겠어.
버럭
체로야, 근데 네 필통에 똑같은 연필이 또 있는걸?
오잉?
앗! 내가 연필을 잘못 꺼냈었네.
실은 말이야. 내가 똑같은 연필이 엄청 많거든.
저 녀석, 일부러 연필 자랑하려고 그랬던 거였군.

자연수와 소수

▶ 8과 0.6만큼을 8.6이라 쓰고 팔 점 육이라고 읽습니다.

자를 사용하여 연필의 길이를 재어 볼까요?

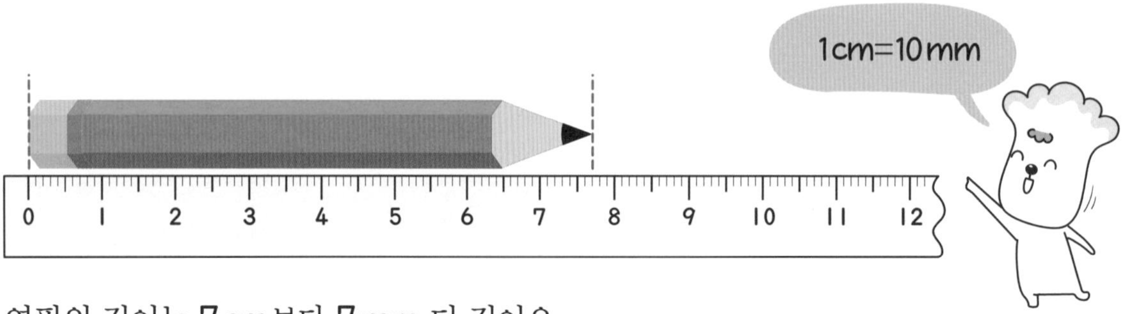

연필의 길이는 7cm보다 7mm 더 길어요.

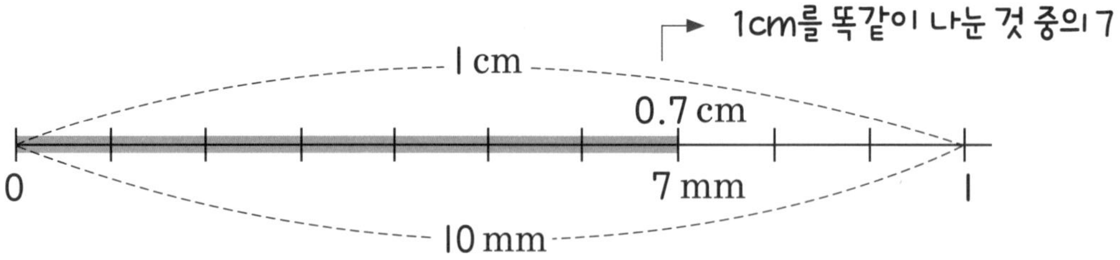

1cm=10mm예요.
1mm=0.1cm이므로 7mm=0.7cm예요.
따라서 연필의 길이는 7cm 7mm=7.7cm예요.
7과 0.7만큼을 7.7이라 쓰고 칠 점 칠이라고 읽어요.

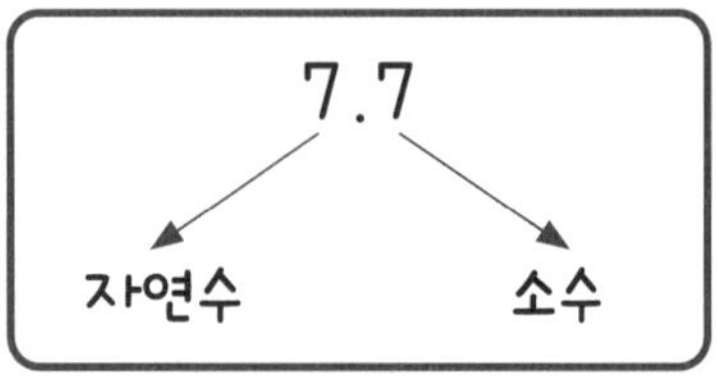

자연수와 1보다 작은 소수로
1보다 큰 소수를 나타낼 수 있어요.

0.1이 몇 개인지로 소수를 알아볼까요?

0.1이 10개면 1, 20개면 2예요.
색칠한 부분은 0.1이 23개로 소수로 나타내면 2.3이에요.

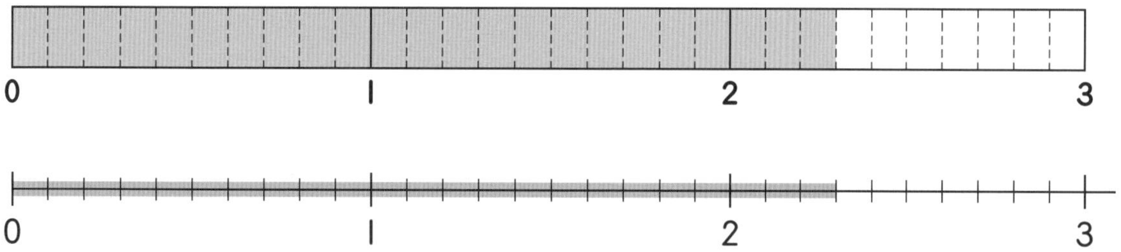

색칠한 부분은 0.1이 12개로 소수로 나타내면 1.2예요.

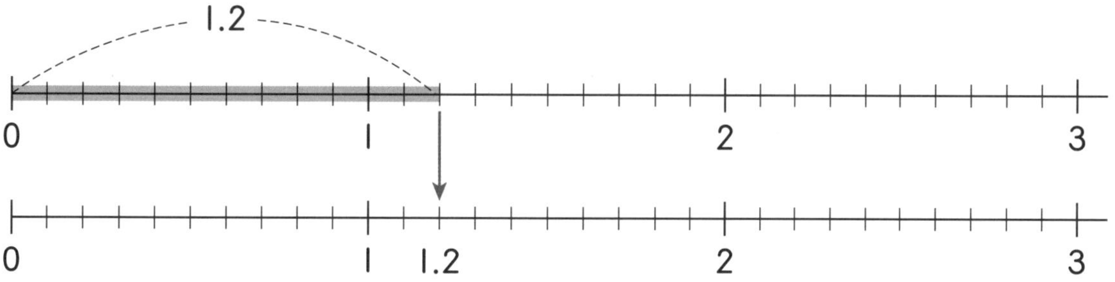

색칠한 부분은 0.1이 28개로 소수로 나타내면 2.8이에요.

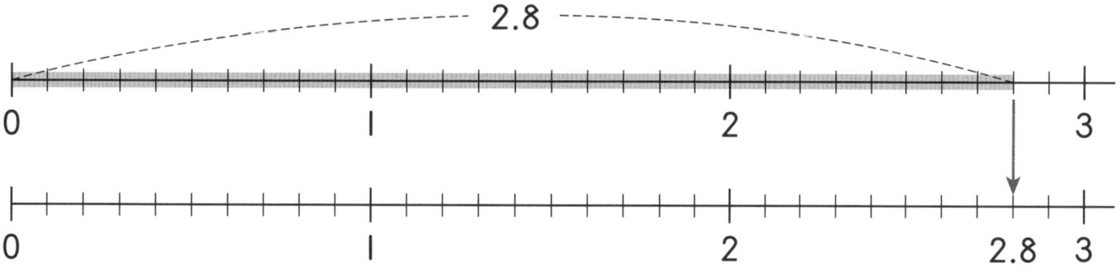

03 소수 두 자리 수, 소수 세 자리 수

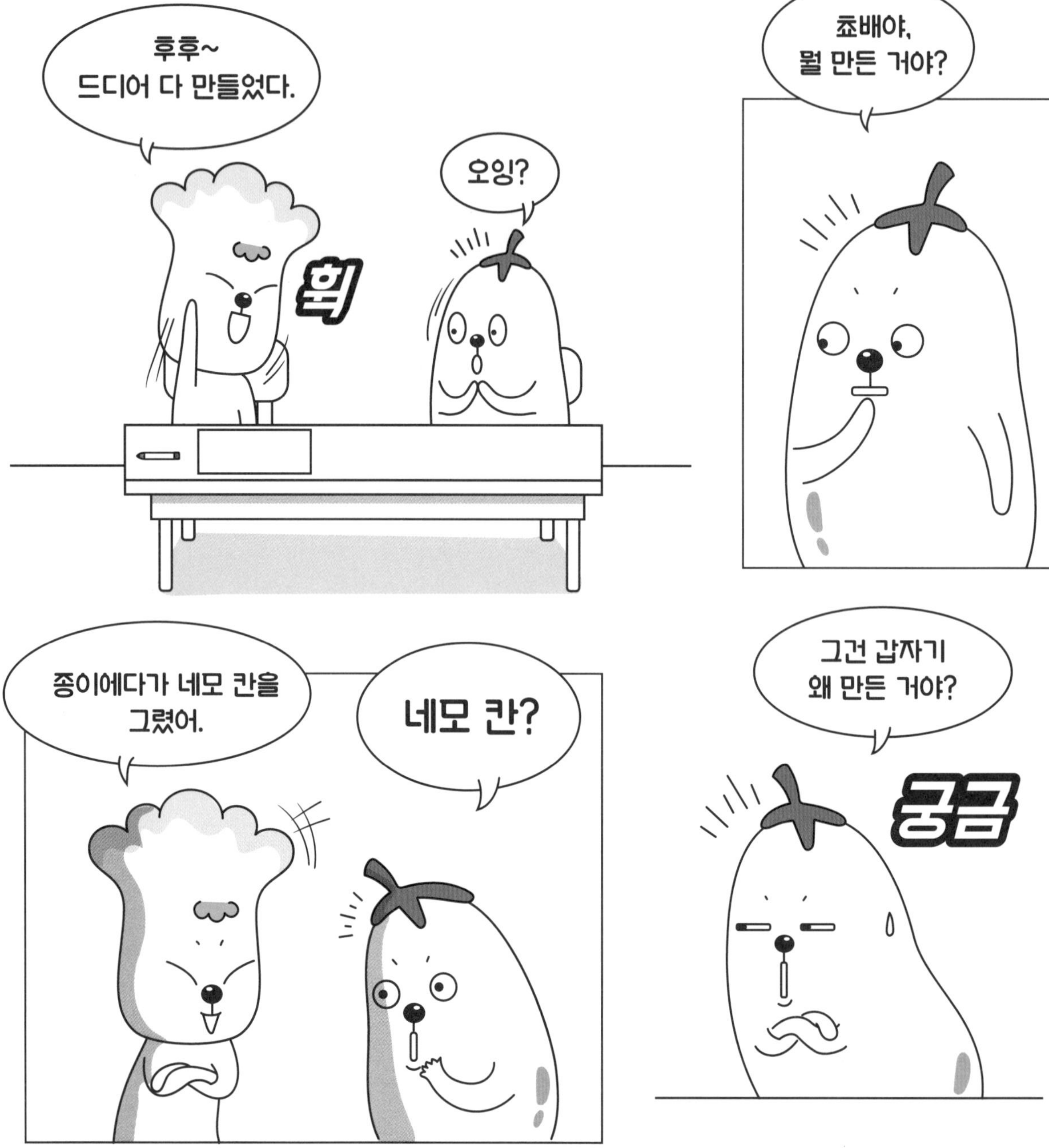
후후~
드디어 다 만들었다.
휙
오잉?
쵸배야,
뭘 만든 거야?
종이에다가 네모 칸을
그렸어.
네모 칸?
그건 갑자기
왜 만든 거야?
궁금

● 무엇을 배울까요? 소수 두 자리 수와 소수 세 자리 수를 이해하고 읽고 쓸 수 있게 합니다.
소수 두 자리 수와 소수 세 자리 수에 대한 자릿값을 알게 합니다.

● 언제 배울까요? 초등학교 3학년 1학기 분수와 소수 / 4학년 2학기 소수의 덧셈과 뺄셈 단원에서 배워요.

오늘부터 영어 단어 외우기를 할 거거든.
활짝
잘 봐! 이 네모 칸은 총 100개야.
100개나?
깜짝
응. 앞으로 내가 영어 단어 하나를 외울 때마다 여기에 한 칸씩 색칠을 할 거거든.
그래서 총 100개의 영어 단어를 외워서 모든 칸에 색칠을 하는 게 목표야.

우아~ 정말
멋진 계획이구나.
히히~
그런데 100개는
너무 많지 않아?
걱정
후훗! 무슨 소리야?
1000개를 하려다가 100개만
하는 거야.
뜨헉
정말 열심히
영어 단어를
외울 생각이구나!
열심히 해!
나도 응원해 줄게~
휙
응!

일주일 뒤
앗~ 쵸배야, 영어 단어 외우기 네모 칸 보고 있구나.
일주일 동안 얼마나 외웠는지 볼까?
씨익
뜨헉! 아직 하나밖에 안 칠해져 있잖아.
영어 단어 외우기가 쉽지 않더라고~
끙
100개 중에 1는 0.01밖에 안 돼.
히히~ 1000개를 안 해서 그나마 다행이지 뭐야~
으이구~
끙

소수 두 자리 수, 소수 세 자리 수

- 분수 $\frac{1}{100}$은 소수로 0.01이라 쓰고, 영 점 영일이라고 읽습니다.
- 분수 $\frac{1}{1000}$은 소수로 0.001이라 쓰고, 영 점 영영일이라고 읽습니다.

소수 두 자리 수를 알아볼까요?

분수 $\frac{1}{10}$은 소수 0.1과 같아요.

1m는 100cm에요.

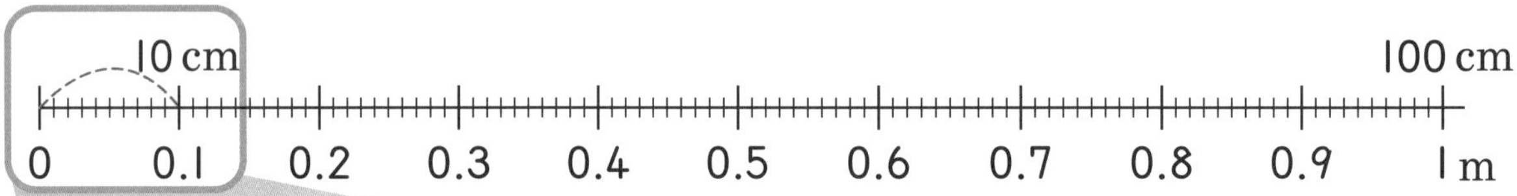

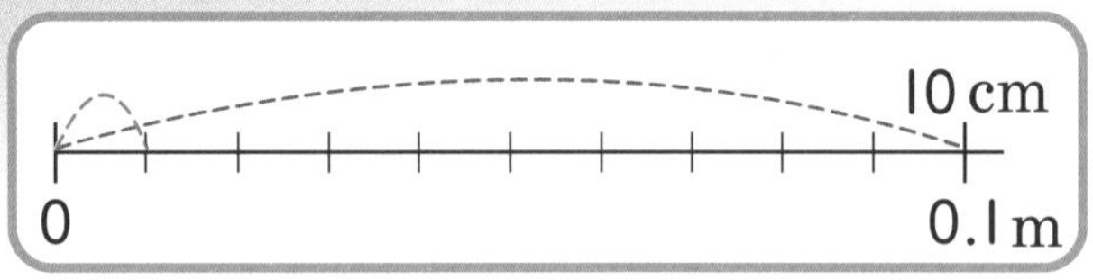

파란색 점선의 길이는

10 cm$=\frac{1}{10}$ m$=$0.1 m예요.

빨간색 점선의 길이는 파란색 점선의 $\frac{1}{10}$이에요.

1 cm$=\frac{1}{100}$ m$=$0.01 m예요.

$\frac{1}{100}=0.01$

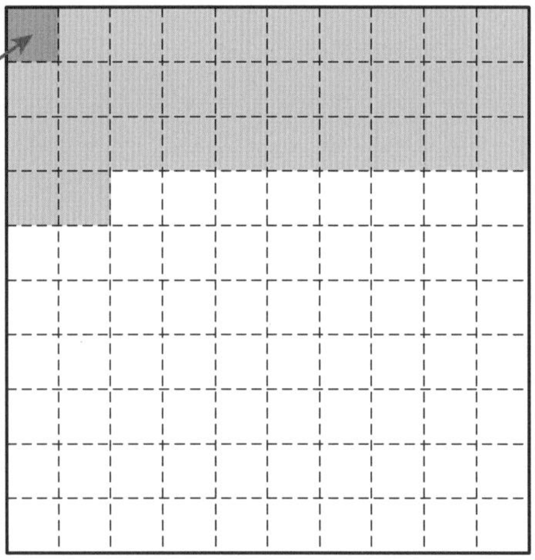

전체 크기가 1인 모눈종이의

한 칸은 $\frac{1}{100}=0.01$이에요.

색칠된 칸은 모두 32칸이고

$\frac{32}{100}=0.32$를 나타내요.

0.32는 영 점 삼이라고 읽어요.

소수 세 자리 수를 알아볼까요?

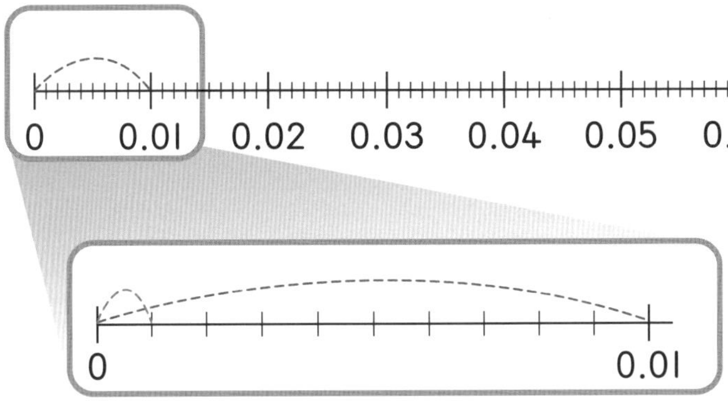

파란색 점선의 길이는 0.01, 빨간색 점선의 길이는 0.01의 $\frac{1}{10}$이므로 0.001이에요.

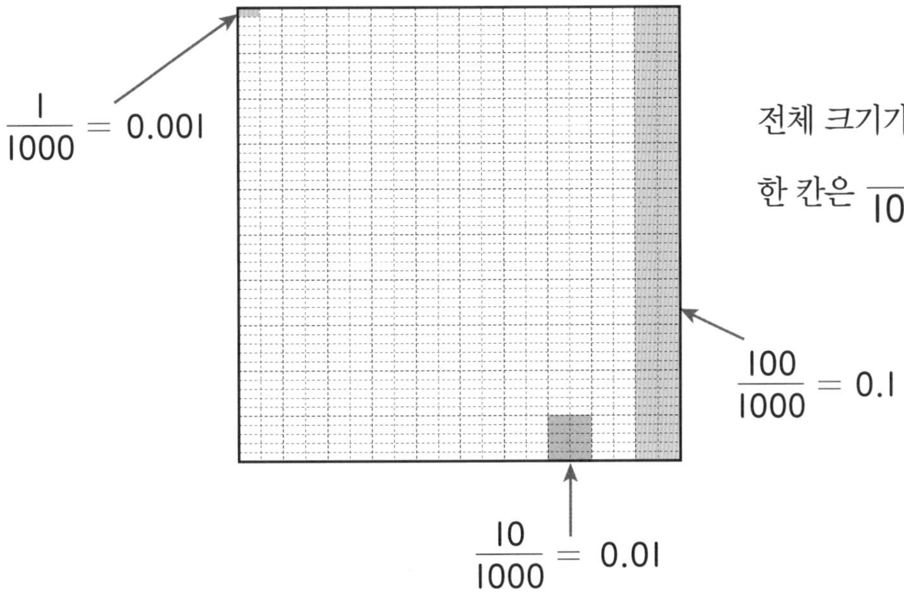

전체 크기가 1인 모눈종이의 한 칸은 $\frac{1}{1000}$=0.001이에요.

1.348은 일 점 삼사팔이라고 읽어요.

일의 자리		소수 첫째 자리	소수 둘째 자리	소수 셋째 자리
1	.			
0	.	3		
0	.	0	4	
0	.	0	0	8

04 소수 사이의 관계

한 달 동안
영어 단어를 20개밖에
못 외우다니…
너 아직도
영어 단어 외우기를
계속 하나 보구나.
시무룩
응. 그래도 이제
100칸 중에 20칸은
채웠어.
방긋
포기하지 않고
꾸준히 하는 게 중요하다고
배웠거든.
휙
우아~
그래도 처음보다는
많이 분발하는구나~
얘들아,
뭐 해?

● 무엇을 배울까요? 1, 0.1, 0.01, 0.001 사이의 관계를 알게 합니다.
소수에 10, 100, 1000을 곱했을 때의 변화를 알게 합니다.

● 언제 배울까요? 초등학교 3학년 1학기 분수와 소수 / 4학년 2학기 소수의 덧셈과 뺄셈 단원에서 배워요.

쵸배가 영어 단어 외우기를 얼마나 했는지 확인하고 있었어.
척
뭐라고?
깜짝
나도 요즘 그걸 하고 있는 중이야.
정말? 너도 하고 있었구나!
토리, 넌 몇 칸을 그렸어?
난 1000칸을 그렸어. 1000개를 채우려고 말이야. 히히~

뜨헉!
뭐라고? 1000칸?
100칸의 1칸은 0.01이지만
1000칸 중의 1칸이면 0.001이야.
맞아. 그리고 0.001은 0.01의 10분의 1밖에 안 돼.
0.01의 1/10 → 0.001
맞아. 그러니까 죠배가 1칸 칠할 때 토리는 10칸이나 칠해야 같아져.
멈칫
킥킥~ 너무 무리하는 거 아니야? 그걸 다 칠하려면 6개월은 걸릴 거야.
씨익
나도 한 달 전에 시작했거든.

지금 530칸을 칠했는걸?
꾸에에엑! 뭐라고?
벌써 530칸이나?
깜짝
아마 다음 달이면 다 칠할 수 있을 거야.
그럼 난 이만 또 영어 단어 외우러 가 볼게.
후다닥
끄응…
나 이제 영어 단어 외우기 안 할 거야!
킥킥~ 포기하지 않고 꾸준히 하는 게 중요하다며~
의욕을 잃었어.

소수 사이의 관계

▶ 1, 0.1, 0.01, 0.001 사이의 관계를 알 수 있습니다.

소수 한 자리 수, 소수 두 자리 수, 소수 세 자리 수 사이의 관계를 '~배'로 나타낼 수 있어요.

전체 크기가 1인 사각형으로 소수 사이의 관계를 살펴볼까요?

왼쪽의 색칠된 사각형은 오른쪽의 색칠된 사각형이 10개 모인 것과 같으므로 10배씩 커진 것으로 생각할 수 있어요.

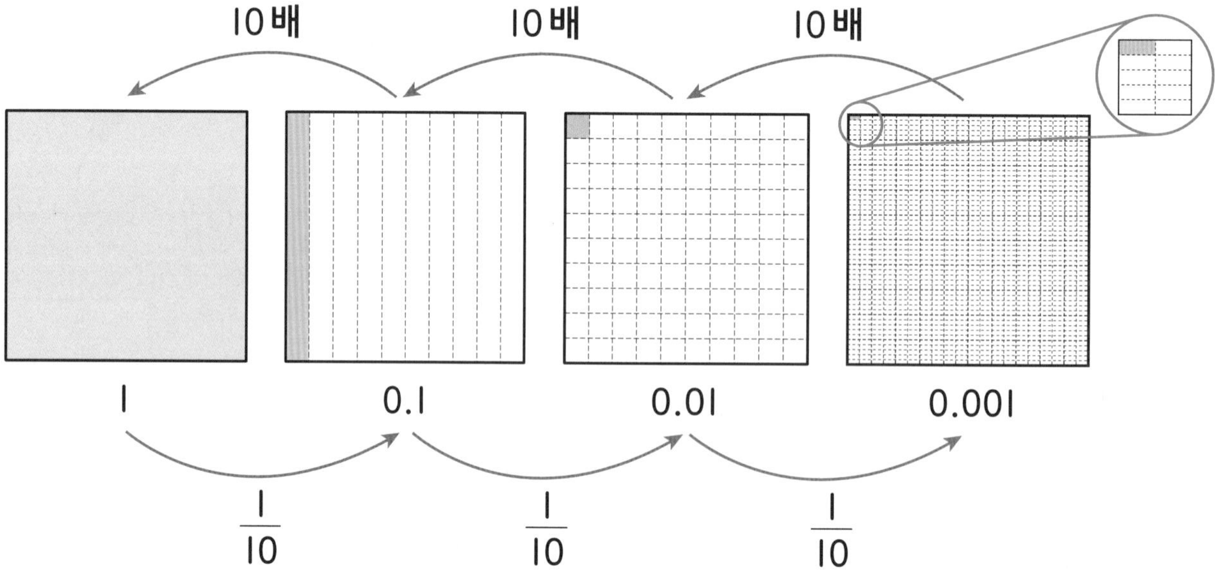

오른쪽의 색칠된 사각형은 왼쪽의 색칠된 사각형을 10등분 한 것 중 1과 같으므로 $\frac{1}{10}$이라고 생각할 수 있어요.

소수도 자연수와 같이 10배 하면 커지고 $\frac{1}{10}$하면 작아져요.

소수 사이의 관계를 수로 나타내서 살펴볼까요?

	1				
$\frac{1}{10}$ ↓	0.	1			↑ 10 배
$\frac{1}{10}$ ↓	0.	0	1		↑ 10 배
$\frac{1}{10}$ ↓	0.	0	0	1	↑ 10 배

1의 $\frac{1}{10}$ → 0.1,
0.1의 $\frac{1}{10}$ → 0.01
0.01의 $\frac{1}{10}$ → 0.001

$\frac{1}{10}$이 될수록 수가
오른쪽으로 한 칸씩 이동해요.

$\frac{1}{10}$일 때는 소수점을 왼쪽으로 한 칸씩 움직인다고 생각해도 마찬가지야.

10배일 때는 소수점을 오른쪽으로 한 칸씩 움직인다고 생각해도 마찬가지야.

0.001의 10배 → 0.01
0.01의 10배 → 0.1
0.1의 10배 → 1

10배가 될수록 수가
왼쪽으로 한 칸씩 이동해요.

05 소수의 크기 비교

너희들 무슨 공부해?
배찌구나~
지금 소수의 크기 비교 문제를 풀고 있는데 너무 어려워.
긁적
긁적
소수의 크기 비교?
응. 두 가지의 소수 크기를 비교해서 어느 소수가 더 큰지 찾는 문제야.
정말? 나도 한번 해 보자!
활짝

- 무엇을 배울까요? 소수의 크기를 그림이나 수직선 등을 이용하여 소수 세 자리 수까지의 크기를 비교하게 합니다.
- 언제 배울까요? 초등학교 3학년 1학기 분수와 소수 / 4학년 2학기 소수의 덧셈과 뺄셈 단원에서 배워요.

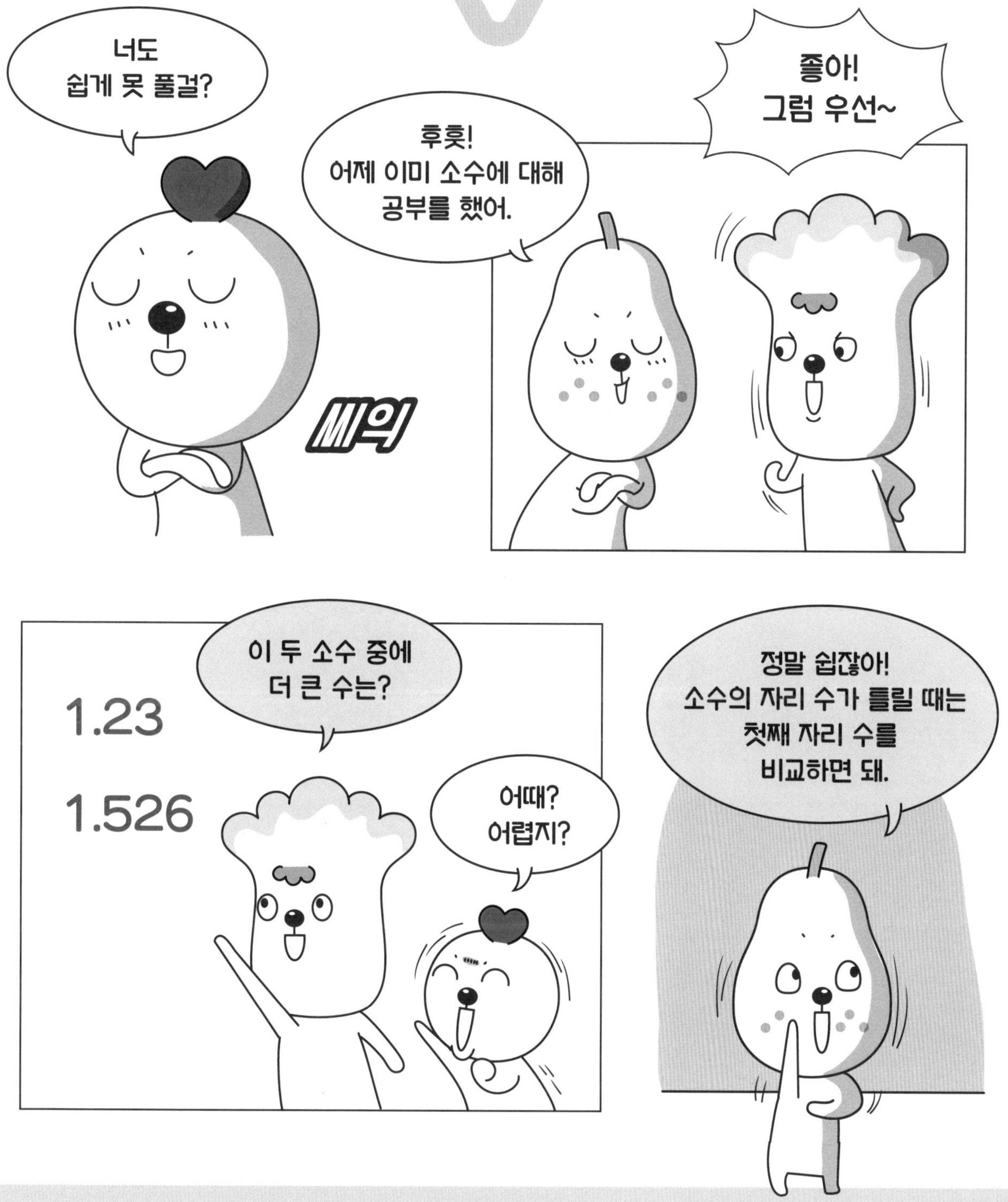

너도 쉽게 못 풀걸?
씨익
후훗! 어제 이미 소수에 대해 공부를 했어.
좋아! 그럼 우선~
이 두 소수 중에 더 큰 수는?
1.23
1.526
어때? 어렵지?
정말 쉽잖아! 소수의 자리 수가 틀릴 때는 첫째 자리 수를 비교하면 돼.

그러니까
1.526이 1.23보다
더 큰 수야.
척
오옷! 제법인데?
그럼 이번에는
내가 내 볼게.
이 두 소수 중에
더 큰 수는?
5.917
5.914
음…
소수 둘째 자리 수까지
똑같다면 셋째 자리 수를
비교하면 돼!
그러니까
5.917이
더 큰 수야.
찡긋
우아~
정말 예습을
많이 했구나.
방긋

좋아. 마지막은 이 문제야.
이 두 소수 중에 더 큰 수는?
0.25
0.250
척
뭐지? 첫째 자리 수와 둘째 자리 수까지 똑같고 셋째 자리 수가 있는 건 0이잖아.
뜨헉
흠~ 그래도 0이 하나 더 있으니까 더 클 거야!
정답은 0.250이야!
땡! 틀렸어. 두 소수의 크기는 같아. 히히~
두 소수는 같지만 필요한 경우 소수의 오른쪽 끝자리에 0을 붙여서 나타낼 수 있거든.
우아! 그렇구나. 소수 공부는 해도 해도 모자라구나~
하하~ 우리도 열심히 하자!

소수의 크기 비교

▶ 소수의 크기를 비교할 때는 자연수 부분, 소수 첫째 자리 수, 소수 둘째 자리 수, 소수 셋째 자리 수를 차례로 비교합니다.

소수의 크기를 비교할 때는 높은 자리의 수부터 차례로 비교해요.
소수의 오른쪽 끝자리의 0은 크기에 영향을 미치지 않아요.

0.49와 0.51의 크기를 비교해 볼까요?

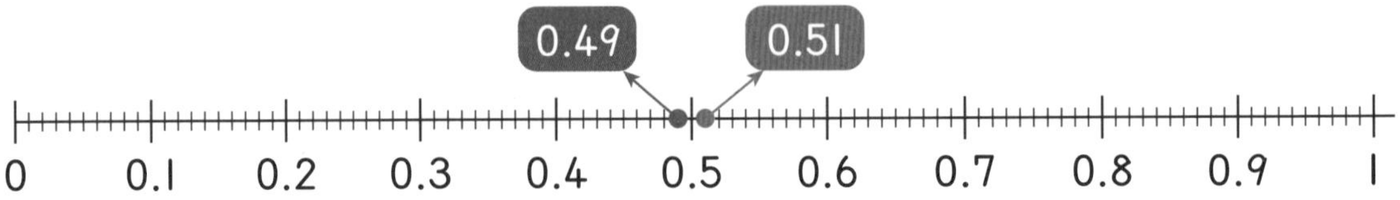

0.49 $<$ 0.51

수직선에서는 오른쪽에 놓이는 수일수록 더 큰 수예요.

0.9와 0.21의 크기를 비교해 볼까요?

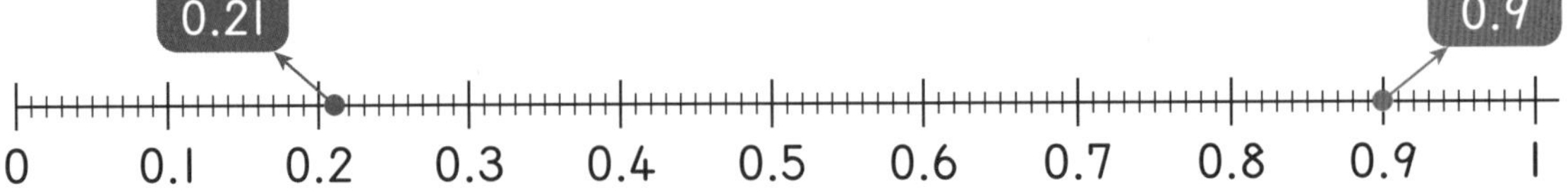

0.21 $<$ 0.9

자릿수가 다른 두 수를 수직선에 나타내도
수직선의 오른쪽에 놓이는 수가 더 큰 수예요.

0.4와 0.40의 크기를 비교해 볼까요?

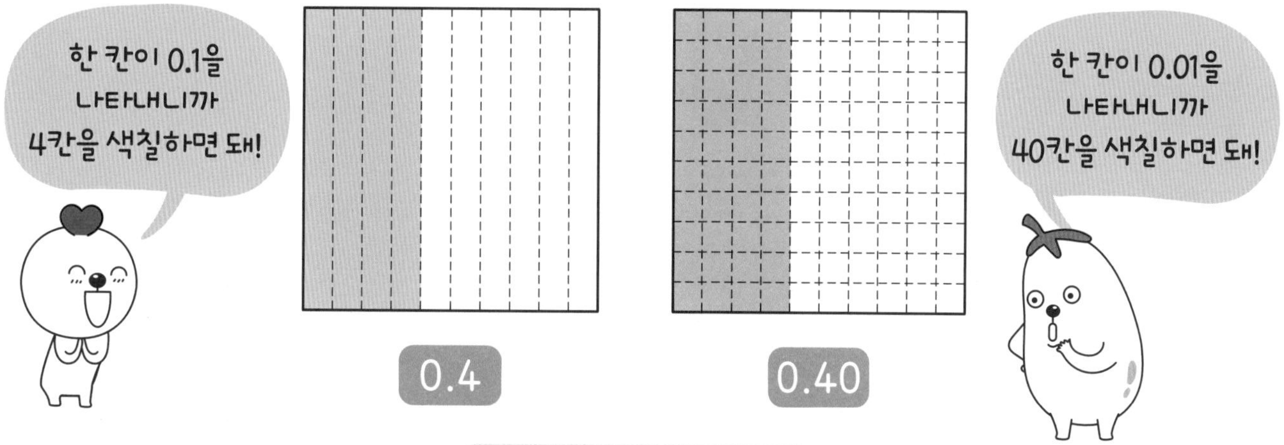
한 칸이 0.1을
나타내니까
4칸을 색칠하면 돼!
0.4
0.40
한 칸이 0.01을
나타내니까
40칸을 색칠하면 돼!

0.4 = 0.40

0.4와 0.40은 같은 수예요.
필요한 경우 소수의 오른쪽 끝자리에 0을 붙여서 나타낼 수 있어요.

소수의 크기를 비교하는 방법을 정리해 볼까요?

① 자연수 부분을 비교해요.

2.1 > 1.23

② 자연수 부분이 같으면 소수 첫째 자리 수를 비교해요.

0.39 < 0.5

③ 자연수, 소수 첫째 자리 수가 같으면 소수 둘째 자리 수를 비교해요.

0.48 > 0.415

④ 자연수, 소수 첫째 자리 수, 소수 둘째 자리 수가 같으면 소수 셋째 자리 수를 비교해요.

0.256 > 0.252